2019年版

CSR検定 3級 公式テキスト

編著：CSR検定委員会

alterna

「CSR検定：サステナビリティ経営とSDGs」とは

はじめに

CSR検定は、[旧] CSR検定（サステナビリティ CSR検定）を全面的にリニューアルし2015年から3級試験を毎年4月、10月に実施しています。2級試験は毎年4月に実施しています。1級試験は2019年10月から毎年10月に実施する予定です。現在、札幌市から熊本市まで全国約20都市で開催しています。

これまでの受験者数（カッコ内は合格者数）は次の通りです。

3級試験（第1〜第8回）：3588人（2672人）
2級試験（第1〜第3回）：506人（295人）

> なお、[新] CSR検定は2018年12月、「CSR検定：
> サステナビリティ経営とSDGs」に改称いたしました。

CSR検定の目的は、CSRの理解者を企業や社会の中に増やし、CSRの裾野を広げることで、より多くの皆さんに「CSRとは何か」「なぜ重要なのか」を理解して頂き、業務にも生かして頂くことです。これにより、皆さんの企業や組織がより「強い存在」となるとともに、社会の共通価値を高めて、国や社会全体としての活力やリスク耐性を高めることが狙いです。

[CSR検定各レベルで求められる能力・資質]

■3級（CSRを学びたい社会人や学生・生徒などが対象）

CSRの基本知識を身に付け、CSR活動が企業や組織の価値を高めること、企業や組織が民間公益活動の担い手であるNGO/NPOや他のステークホルダーと連携して社会課題を解決する意味など、「CSRリテラシーの基本」を理解する。

■2級（3級合格者のほか、サステナビリティ経営やSDGsに関心がある社会人、研究者などが対象）

社会的責任（SR）の国際規格である「ISO26000」の狙いや中核主題、GRIなどの報告指針、および国連グローバル・コンパクトや持続可能な開発目標（SDGs）などの国際的な行動規範の

本質を理解し、それらの概念や要素などを企業や組織の経営に反映できる。自社の経営にとって重要なステークホルダーを特定し、投資家やNPOとの協働、また従業員の経営への参画意識と高い満足度に代表されるような、真の意味のステークホルダーエンゲージメントを理解し、CSR概念の経営への統合化や長期的な企業価値向上を目指すサステナビリティ経営の推進に資する「より深いCSRリテラシーと実践的なスキル」を身に付けている。
※2級の受験は、3級合格は必須ではありません。

■1級（2級合格者のうち、さらに高いレベルを目指す方が対象）

地球規模の環境・社会のサステナビリティを基本認識として、卓越したリーダーシップ、俯瞰力、コミュニケーション力を駆使し、社会の変化や動向を知り、企業や組織のCSRリスクを察知・予防・軽減する。社会課題の解決を基点にした事業創出を促すなど、CSRやサステナビリティを経営に統合し、経済価値と社会価値を両立させる企業や組織の価値を持続的に高めていく戦略（ストラテジー）を立案・実践できる。※1級の受験は、2級または[旧サステナビリティCSR検定]合格が条件です。

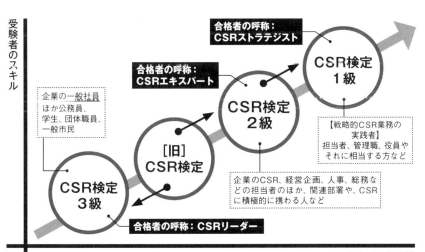

はじめに

《CSR検定合格者の呼称について》

　3級の合格者には「CSRリーダー」の呼称を差し上げ、合格証とは別に「CSRリーダーカード」（クレジットカードサイズ）を発行します（実費が掛かります）。2級の合格者は「CSRエキスパート」、1級の合格者には「CSRストラテジスト」の呼称を差し上げます。

《CSRリーダー会議について》

　全国各地の試験実施都市では、CSRの最新動向の共有、各社の優秀なCSR事例の発表など、3級の合格者がその後も学びあい、ネットワークを築くことを目的とした「CSRリーダー会議」を随時、開催しています。詳しくはCSR検定の告知ページをご覧ください。なお、東京では毎年1月と7月の年2回実施しています。

《CSR検定の主催者について》

　CSR検定は株式会社オルタナ、一般社団法人CSR経営者フォーラムが共同で開催しています。株式会社オルタナは2007年以来、CSRやソーシャルイノベーションなどにフォーカスしたビジネス情報誌「オルタナ」を発行しているほか、オンラインサイト「オルタナオンライン」（www.alterna.co.jp）や、若者とソーシャルを結ぶウェブマガジン「オルタナS」（www.alternas.jp）、内外のCSR情報を満載した「CSRtoday」（www.csr-today.biz）などのウェブメディアを運営しています。2011年に設立した「オルタナ総研」では、CSR担当者向けの集中セミナー「CSR部員塾」、CSR浸透度調査、CSR存在感調査、CSR進捗度調査などの調査、CSRレポートの監修、個別コンサルティングを行っています。

《CSR部員塾について》

　株式会社オルタナ／オルタナ総研では2011年以来、半期ごとにCSR／サステナビリティ経営の集中セミナー「CSR部員塾」を開催しています。上期（毎年4月～8月）は初任者向け、下期（毎年10月～2月）は主に経験2年以上の中級者またはCSR検定3級

合格者向けの内容となっています。詳しくは**CSRtoday（www. CSR-today.biz）**をご覧ください。

CSR検定の運営体制

CSR検定委員会

機　能：CSR検定の総合企画と教科書／問題の監修

委員長：**鈴木 均**（一般財団法人日本民間公益活動連携機構事務局次長、
　　　　立教大学大学院21世紀社会デザイン研究科客員教授）

顧　問：**影山 摩子弥**（横浜市立大学国際総合科学学術院教授・
　　　　CSRセンター長）

委　員：**赤羽 真紀子**（CSRアジア日本代表）

委　員：**川村 雅彦**（株式会社オルタナ オルタナ総研所長・首席研究員・
　　　　株式会社ニッセイ基礎研究所客員研究員）

委　員：**関 正雄**（明治大学経営学部特任教授・損害保険ジャパン
　　　　日本興亜株式会社CSR室シニアアドバイザー）

委　員：**町井 則雄**（株式会社シンカ代表取締役社長）

委　員：**森 摂**（株式会社オルタナ代表取締役・「オルタナ」編集長）

委　員：**諸見 昭**（CSR検定サポート事務局長）　　　　（委員は50音順）

CSR検定サポート事務局

**機　能：CSR検定の運営。全国各地の運営主体との連携。
　　　　収支管理。検定の作問**

事務局長：**諸見 昭**（元日本貿易振興機構）

事　務　局：**大島 浩司**（元ソニー）

　　　　土屋 悦則（元日経BP）

　　　　橋上 恵美子　　　　（50音順）

全国22都市24会場（2018年11月現在）

札幌、仙台、宇都宮、さいたま、所沢、千葉、東京、横浜、長野、静岡、富山、名古屋、刈谷、岐阜、三重、大阪、広島、山口、今治、福岡、大分、熊本

各地区運営主体	各地区運営主体	各地区運営主体
各地区での運営	各地区での運営	各地区での運営

CSR検定サポート事務局（株式会社オルタナ内）　連絡先：kentei@alterna.co.jp

目次

はじめに   2

CHAPTER 1 日本と世界におけるCSRの現況   9

1 **CSRの目的と領域**   森　摂   10

2 **SDGsとサステナビリティ経営**   水尾 順一   12

3 **世界のCSRをめぐる動きとは**   下田屋 毅   14

4 **大企業と中小企業のCSR**   影山 摩子弥   16

COLUMN 1 **伝統的な日本型CSRの精神**   平田 雅彦   18

5 **コンプライアンスの本質**   田中 宏司   20

6 **企業のCSRレポートの役割と現状と課題**   安藤 正行   22

7 **ISO26000とは何か**   大塚 祐一   24

8 **国連グローバル・コンパクトとは何か**   後藤 敏彦   26

9 **サステナブル投資とESG投資**   荒井 勝   28

10 **自治体のCSR・SDGs政策**   泉　貴嗣   30

CHAPTER 2 社会の中での企業の役割   33

1 **企業とは社会においてどんな存在か**   鈴木　均   34

2 **社会における企業の役割はどう変わってきたか**   冨田 秀実   36

3 **企業にとってステークホルダーとは何か**   関　正雄   38

4 **企業に求められる必要な対話力とは**   大久保 和孝   40

5 **消費者重視経営とは何か**   日和佐 信子   42

COLUMN 2 **社会から尊敬される企業とは何か**   坂本 光司   44

6 **トリプルボトムラインとは何か**   本木 啓生   46

7 **社会課題とSDGs**   黒田 かをり   48

COLUMN 3 **法とCSR**   松本 恒雄   50

8 **企業の社会貢献と寄付**   髙橋 陽子   52

9 **企業と人権**   菱山 隆二   54

CONTENTS

CHAPTER 3 社会や地域と共に働くということ　　　57

1　「社会とつながる働き方」とは何か　　　町井 則雄　58

COLUMN 4　「会社人」から「社会人」へ　　　鷹野 秀征　60

2　NGO／NPOとはどんな存在か　　　田尻 佳史　62

3　企業とNPOが協働する意味とは　　　岸田 眞代　64

4　ワーク・ライフ・バランスとは何か　　　大西 祥世　66

5　ダイバーシティ＆インクルージョンとは何か　　　木全 ミツ　68

COLUMN 5　「プロボノ」とは何か　　　嵯峨 生馬　70

6　消費者に求められている消費行動とは　　　葭内 ありさ　72

CHAPTER 4 必須キーワード　　　75

1　グローバルな気候変動交渉の動き　　　足立 治郎　76

2　生物多様性　　　足立 直樹　78

3　世界の貧困と児童労働　　　岩附 由香　80

4　エシカルなビジネス　　　細田 琢　82

5　フェアトレード　　　中島 佳織　84

6　オーガニック／有機農業　　　徳江 倫明　86

7　ソーシャルメディア　　　市川 裕康　88

8　自然エネルギーとRE100　　　森 摂　90

9　障がい者雇用　　　小林 秀司　92

10　コーズ・リレイテッド・マーケティング　　　野村 尚克　94

11　社会起業家(ソーシャルアントレプレナー)　　　田中 勇一　96

12　ソーシャルビジネス　　　森 摂　98

索引　　　100

試験概要　　　102

執筆陣プロフィール　　　104

CHAPTER 1

日本と世界におけるCSRの現況

CHAPTER 1

1 CSRの目的と領域

　日本の「CSR元年」は2003年とされています。この年にリコー、帝人、ソニー、松下電器産業(現パナソニック)などがCSRの専任部署を設立し、その後、多くの企業が追随しました。それから15年経った今、言葉としての「CSR」は日本でしっかり根付いたように思われます。

CSRの取り組みは「4つの領域」に分けられる

　ただ、言葉としてCSRを知っていても、企業や組織になぜCSRが必要なのか、どういうメリットがあるのかを理解しているビジネスパーソンはまだ少ないかもしれません。

　最近ではSDGs(12ページ参照)やESG(28ページ参照)という言葉も日本で浸透しつつあり、「CSRはSDGsやESGとどう違うのか分からない」という声もよく聞きます。この辺りから解き明かしていきましょう。

　まず、CSRは15年前のような単なる「社会的責任」から意味が広がり、「社会対応力」、つまり企業や組織がどれだけ社会からの要請に応えられるかが問われるようになりました。企業の社会的責任(Corporate Social Responsibility)のResponsibilityは、response(反応する)とability(能力)という言葉に分けられます。まさに社会からの声や要請に応える力が問われているのです。

　CSRの領域も、かつての「狭義のコンプライアンス」から「広義のコンプライアンス」に広がりました(20ページ参照)。寄付やボランティア供与などのフィランソロピー活動だけでなく、企業と社会がそれぞれの価値を高められる「価値創造型CSR」が求められるようになりました。

　右上の図のように、CSRの取り組みは4つの領域に分けることができます。CとDは多くの企業にとって「現在のCSRの取り組み」、AとBが「これから求められる取り組み」です。BとDは、企業や組織の社会的な評判を高め、AとCは企業・組織のリスクを低減する領域です。

10

CHAPTER 1　日本と世界におけるCSRの現況

CSRの取り組みの４つの領域

AとB：これからのCSR［企業価値の創造・大］

A と C ： 社 会 へ の 悪 影 響 の 低 減	A：広義のコンプライアンス （企業の社会対応力）	B：価値創造型CSR （本業を通じた社会課題の解決）	B と D ： 社 会 的 評 価 の 向 上
	ガバナンス		
	C：狭義のコンプライアンス （法令順守や雇用・納税など）	D：社会貢献 （寄付やボランティア、植林活動など）	

CとD：これまでのCSR［企業価値の創造・小］

2015年は「サステナビリティ元年」

　そんななか、2015年秋に大きな出来事が相次ぎました。まず９月25日に国連で持続可能な開発目標（SDGs）が採択され、世界が持続可能な社会の実現に向けて大きく動き出しました。９月28日にはGPIF（年金積立金管理運営独立行政法人）が国連責任投資原則（UNPRI）に署名し、投資の尺度が大きく変わりました（29ページ参照）。

　12月12日には、気候変動枠組条約「パリ協定」が採択され、各国政府が気候変動問題に積極的に取り組むことになったのです（84ページ参照）。

　これらの事がらには「サステナビリティ（持続可能性）」という共通項があります。サステナビリティとは、企業や組織、そして個人や地域が環境や人権など社会課題に配慮し、積極的に努力することで、個人や組織自身だけでなく、地域社会、国家、そして地球規模で安定した発展を目指す考え方です。

　2015年はいわば「サステナビリティ元年」と言えます。そしてCSRが「社会からの要請に応えること」であるように、ESGは「市場からの要請」であり、SDGsは「国連からの要請」と位置付けることができます。

　このようにさまざまな要請に応えることで、企業や組織が強くなり、「未来の顧客」に選ばれ、持続可能になることが、CSRの第一の目的であり、メリットでもあります。CSRに取り組むことで、従業員満足度（ES）が高まり、それにより顧客満足度（CS）も高まることは多くの経営者が異口同音に語っています。なお、ISO26000におけるCSRの定義は26ページに掲載していますので、ご参照ください。　　　　　　　　　　　　　　　（森　摂）

11

| CHAPTER 1 | # 2 SDGsとサステナビリティ経営 |

MDGs（2000年）からSDGs（2015年）へ

　MDGs（ミレニアム開発目標）とは、「国連ミレニアム宣言」と、1990年代に開催された主要な国際会議やサミットで採択された「国際開発目標」を統合し、1つの共通の枠組みとしてまとめたものです。

　前者のミレニアム宣言は2000年9月、ニューヨークで開催された国連ミレニアム・サミットに参加した147の国家元首を含む189の国連加盟国代表が、21世紀の国際社会の目標として採択されました。

　平和と安全、開発と貧困、環境、人権とグッドガバナンス（良い統治）、アフリカの特別なニーズなどを課題として掲げ、21世紀の国連の役割に関する明確な方向性を提示し、現在は、SDGsに引き継がれました。

　SDGsは、2015年9月に国連のサミットで採択されました。これは国際社会における共通の開発目標であり、国際連合広報センターは、次のように記しています。

　「すべての国々に普遍的に適用されるこれら新たな目標に基づき、各国は今後15年間、誰も置き去りにしないことを確保しながら、あらゆる形態の貧困に終止符を打ち、不平等と闘い、気候変動に対処するための取り組みを進める」

　SDGsは2030年を目標年に定め、「我々の世界を変革する：持続可能な開発のための2030アジェンダ」として、国連の全加盟国193カ国が参加して採択されました。

　具体的には、17の目標と169のターゲットがあり、全世界がこれに取り組むことで「誰も取り残されない」世界を実現しようとする壮大なチャレンジ計画とされています。

　SDGsの制定を受けて、日本政府も2016年5月、内閣官房にSDGs推進本部を設置し、「SDGs実施のための我が国の指針」を策定しました。

CHAPTER 1　日本と世界におけるCSRの現況

2017年11月には、日本経済団体連合会（経団連）も「Society 5.0」の実現を通じたSDGsの達成を柱として企業行動憲章を改定し、経済界を挙げての取り組みが始まりました。

こうした一連の動きを受けて、日本企業がサステナビリティ経営の実現に向けて動き出し、それを投資家や株主が評価する「サステナブル投資」（28ページ参照）が日本でも急速に拡大し始めました。

企業がサステナビリティ経営を実現するためには、単なる慈善事業ではなく、例えばマイケル・ポーター・ハーバードビジネススクール教授らが2011年に提唱したCSV（共有価値の創造）など、長期にわたる持続的なビジネスを視座に置き、ビジネスとして収益の確保に取り組むことが重要です。

「アウトサイドイン・アプローチ」が重要に

SDGsの企業向けの取り組みガイダンス「SDGコンパス」は、「アウトサイドイン・アプローチ」というビジネス手法について言及しています。

「アウトサイドイン」は「世界的視点から、何が必要かについて外部から検討し、それに基づいて目標を設定することにより、企業が現状の達成度と求められる達成度のギャップを埋めていく」手法です。

「アウトサイドイン・アプローチ」の活用により、「社会課題の解決を基点にした新規ビジネスの創出」も可能になり、企業にとってビジネス機会を増やすことにもなります。

具体的には、気候変動枠組条約締約国会議・京都会議（COP 3、1997年）に合わせてトヨタ自動車が発売したハイブリッド車（HV）の「プリウス」や、その後の電気自動車（EV）、燃料電池車（FCV）などが「アウトサイドイン」の好例です。

LIXILがアジア・アフリカの最貧国で展開する簡易式トイレ「SATO」は、トイレが無い地域での衛生状況を、現地で製造した安価なトイレで改善するとともに、自社ブランドを地域に浸透させ、同社製品のシェアを拡大させる狙いがあります。

（水尾 順一）

CHAPTER 1

3 世界のCSRをめぐる動きとは

NGO／NPOが企業のCSRを後押し

CSRは本来的には、古今東西に共通の概念だといえます。世界で最も早く「企業の社会的責任（Corporate Social Responsibility）」という表現を使ったのは、英国人クエーカー教徒のオリバー・シェルドンが1924年に書いた論文「経営の哲学」とされ、これが「CSR」という言葉の発祥とされています。

18～19世紀、英国社会から異端と見なされて迫害されていたクエーカー教徒は、自衛策として、いくつかの企業を立ち上げました。クロレッツやホールズで知られる「キャドバリー」もその一つです。

公共の職にも就けず、大学にも行けない彼らにとって、自分たちのビジネスが信者を支える手段となりました。華美を慎み、隣人をおもんぱかるクエーカーの教義も、利益を最優先しない企業の原型と見ることができます。

欧米企業のCSR活動をあらためて振り返ると、その背景にはNGO／NPOや地域社会などのステークホルダー（利害関係者）が密接にかかわってきました。特に、20世紀後半に経済のグローバル化が進むにつれて、企業とステークホルダーとのかかわりが一層深まっていきました。

ロイヤル・ダッチ・シェルの「2つの教訓」

その中でグローバル企業がCSRについて考える大きなきっかけとなったのが、ロイヤル・ダッチ・シェル社の2つの事件です。

1993年、シェル・ナイジェリアの原油採掘場において、少数部族であるオゴニ族が、地域の環境汚染、部族民に対する不当な扱いに異議を唱え抗議活動を始めました。1995年にはオゴニ族を代表する人権活動家ら9人が、この対立がもとで拘束されました。

各国政府、環境・人権NGOなどは、裁判の公正な実施をナイジェリア

政府に強く要望しましたが、当時のサニ・アバチャ軍事政権によって処刑されてしまいました。シェルは、この事件で結果的に軍事政権に加担したとして、社会的責任を問われました。

もう一つは、シェルによる北海油田の石油採掘用大型施設「ブレント・スパー」の処分に関する事件です。稼働終了を迎えた施設の処分方法について、英国政府の外部委託調査による結論は「陸上解体より海洋投棄の方が環境への影響は少なく、費用も少ない」というものでした。

1995年、シェルはその結論に基づき、「ブレント・スパー」の海洋投棄処理を進める予定でしたが、国際環境NGOグリーンピースが「石油や有害物質が残存しており環境に影響を及ぼす」「海をごみ捨て場にするべきではない」として反対運動を展開しました。さらに欧州全土で消費者の製品不買運動が続発し、これによりシェルは海洋投棄を断念しました。

これらの事件は、企業に、環境・人権対応、情報開示に関して、市民・NGO・消費者を含むステークホルダーとの対話の重要性を考えさせるきっかけとなりました。

ナイキによる児童労働に批判

米国でも、ナイキの事例が企業のCSR意識を大きく変えました。

1997年、スポーツメーカーのナイキが委託するインドネシアやベトナムなどの東南アジアの工場において、低賃金労働、劣悪な環境での長時間労働、児童労働、強制労働などが発覚したのです。

この事態に対して米国のNGOなどは大規模なネガティブキャンペーンを展開し、ナイキの社会的責任を追及し、世界的な製品の不買運動が発生、ナイキは経済的に大打撃を受けました。

企業責任として、サプライヤーの労働環境や安全確保、児童労働を含む人権問題にも配慮しなければ、共犯者として取り扱われることを教えてくれた事例であり、同社はこれを契機にCSRへの配慮を進めていきました。

このように企業の巨大化、グローバル化によって社会へ与える影響の増大と、NGO／NPOの影響力が強まってきたことが、世界的なCSRの潮流の中で大きな伏線になっています。　　　　　　　　（下田屋 毅）

CHAPTER 1

4 大企業と中小企業のCSR

CSRは、社会と企業のそれぞれが持つ特徴（属性）によって、取り組み内容が異なります。つまり、社会が異なれば、ステークホルダーの期待やニーズも異なりますから、どのような取り組みが必要かは、国や地域、時代によって異なります。

また、どのような製品やサービスを作る企業か、顧客は消費者か企業か、環境に負荷をどの程度かけているか、などによっても、利害関係者の期待やニーズは異なります。ですから、ほかの企業の取り組みをただまねても、効果は出ないのです。企業規模もそのような属性の一つです。ここでは、大企業と中小企業のCSRの違いを整理してみましょう。

大企業は社会からの期待も大きい

まず、取り組み効果の違いです。大企業の利害関係者は、性別や年齢、地域性といった属性が多岐にわたりますから、大企業は広く受け入れられる無難な取り組みを志向しがちです。その結果、インパクトや共感に欠け、経営上の効果が薄いものになることも少なくありません。他方、中小企業は、地域や得意先などを絞り込みやすいので、特定のターゲットに合わせた取り組みがしやすく、効果を得やすい傾向があります。CSRは、中小企業の方が経営上の効果が高いといわれるゆえんです。

次に、社会の期待内容の違いです。大企業は、財務規模も社会への影響も大きいので、社会は大きな期待をしますし、厳しく見ます。そのため、大企業は、法を守るだけ、売れる商品を作るだけでは不十分で、雇用やリスク管理、社会貢献などに関する高いレベルの取り組みが求められます。余力があると見なされるわけです。

それに対して、街角の小さな総菜屋は、地域に親しまれる総菜を地道に作り続けるだけでも、地域の評価を受け、存続することがあり得ます。CSRは、「練られた社会貢献」（※1）のように、取り組んでいなくとも非難

16

CHAPTER 1 日本と世界におけるCSRの現況

されないが取り組むと評価されるものと、倫理・法令順守や製品の安全性のように、取り組んでいてもことさら評価されないが取り組んでいないと非難される取り組みに分けられる場合があります。大企業と中小企業では、その分岐点が異なるので注意が必要です。

中小企業は地域と取り組みやすい

第3に、CSRの効果を上げるための社内への「浸透度」の違いです。CSRの効果的実践のためには、社員が、自分はどうすればいいかを理解し、さらに、CSRへのモチベーションが高まっていなければなりません。それを浸透度といい、社員の効果的実践につながる、社内の様々な要因の結び付きをCSRの浸透構造と呼びます。例えば、理解とモチベーションのためには、座学だけではなく、参加型の地域社会貢献や社内のコミュニケーションなどが重要ですが、それがしやすいのは中小企業です。

また、規模が小さく全体を見渡しやすい中小企業は、高度な分析をしなくても浸透構造を容易に把握しやすく、効果的なCSRを生みやすいといえます。最近では、浸透構造の自己分析をしたり、地域を志向した取り組みを行ったりする大企業も増えてきました。

CSRコミュニケーション

第4に、CSRは、ステークホルダーの期待やニーズを把握し、取り組みを利害関係者の評価や共感を呼ぶように効果的に伝えることが重要です。その一連の流れをCSRコミュニケーションと呼びます。また、ソーシャルメディアを効果的に使ったり、取り組みの企画、実施、評価の各段階で利害関係者を巻き込んだりすると、利害関係者の深いニーズを把握したり、共感や思いを生むことができ効果的です。しかし、資金や人材の制約が大きい中小企業では、難しい面があります。

そこで、NPOやプロボノ（専門知識や技能を生かしたボランティア）、他企業との連携によるマルシェや地域感謝祭など興味深い中小企業の取り組みもあります。連携のシナジー効果を引き出すことが特に重要です。NPOなどと協働する「コレクティブインパクト」や社外の知恵を活用する「オープンイノベーション」もその一つです。　　　　　（影山 摩子弥）

※1 影山摩子弥『障がい者を雇う中小企業はなぜ業績を上げ続けるのか』（中央法規出版、2013年）226ページ参照

17

COLUMN*1

伝統的な日本型CSRの精神

平田 雅彦

石田梅岩の時代的背景

思想家・石田梅岩が活躍した享保年間(1716〜1736年)は、江戸幕府の開幕以来120年間、平和な時代が続いたため、商業が盛んになり、貨幣経済が活発化して、商人が台頭してきた時代でした。しかし、商人は社会的には士農工商の最下位に位置付けられ、武士たちからは「利だけを追い求めて、義を知らない最も賤しい職業だ」とさげすまれ、自分の職業に誇りが持てず、悩める時代でもありました。そのような商人の悩みに応えたのが石田梅岩でした。

①「お客様満足」が利益の源泉

石田梅岩は、「お客様の財布のひもは本来固い。だからなかなかお金を出してもらえない。しかし商品に値打ちがあり、価格も安く、そのうえサービスが良ければ、必ずお金を出してくれる。すなわちお客様に満足していただける働きをすれば、必ず利益は頂ける。その利益が富であり、そのようにして生まれた利益であれば、天下に対して少しも恥じることはない」と言いました。このような「お客様満足」を大切にする考え方は、「顧客満足の精神」といわれ、今日、世界的企業にとっても経営の原点になっています。

②御法を守り、我が身を慎むべし

ただし利益を得るには、それにふさわしい社会的責任が必要であり、その第一が法律(「御法」)を守ることであり、そのうえに誠実を貫くこと。信用を築き、身を慎み、勤勉、

倹約に努めること。そのように自己の欲望を抑え、商人としての倫理を身に付けてこそ、利益、富を得る資格があるのだと説きました。

③先も立ち、我も立つ

　また商売というものは、自分一人もうければよいというものではなく、相手も利益を得、自分も利益を得、お客様にも喜んでいただき、商売にかかわる全ての人々が満足するものでなくてはならないし、そういう商売を続けてこそ孫子の代まで繁栄が続くのだと教えました。

日本らしいCSRの発信を

　以上、石田梅岩の教え３点を取り上げましたが、これだけでも今日の「CSRの精神」と見事に適合しています。西欧から起こり、その後わが国へ導入された「CSRの精神」は、約300年前に石田梅岩が説いた思想と適合しているのです。

　「CSRの精神」が、今日の資本主義の欠点を補正している役割から考えるとき、この適合という事実は、現在の資本主義に東洋思想が求められていることを意味します。われわれはもう一度日本の文化、伝統や先人たちの思想を見直し、世界に向けて、日本らしいCSRを発信していかねばなりません。

CHAPTER 1

5　コンプライアンスの本質

続発する企業不祥事

　企業による不祥事が、相変わらず続発しています。企業不祥事が発生すると、その企業が長年にわたり築いた自社への信頼や信用は一気に失われてしまいます。消費者、国民、社会から、関係企業への憤り・怒りや不信が急激に高まり、コンプライアンス（Compliance）やリスクマネジメント、組織統制などの様々な面で対応が不十分であり、企業体質そのものが不適切であると厳しく批判されます。

　社会・経営環境が変化する下で、企業で働く人々の間で、全体としてモラルの崩壊や規律の緩みが生じていると思われます。さらに、現場の業務運営面において、経営者・管理職の指導不足や業務相互けん制の手抜き、相互のチェック機能が形骸化するなど、コンプライアンス違反による不祥事へとつながっているとみられます。企業不祥事の実態は、①経営サイドの不祥事、②現場における不祥事、③組織ぐるみの不祥事——と多岐にわたっているのです。

コンプライアンスの本当の意味とは

　「コンプライアンス」は、日本では単に「法令順守」と訳されていますが、その重要な原義は「関係者の願い・要請などに対応する」ことです。

　コンプライアンスの実践に際して、次のように広く理解し対応することが大切です。

　第1に、関係法令（法律、政令、省令など）を順守することが求められます。現代社会では、「法令順守」は「最低限の義務」です。

　第2に、企業は、単に法令を守れば良いというものではなく、社内規則、業務マニュアルなどの「社内規範の順守」が大切です。業務マニュアルなどは、関係法令に準拠し、自社の経験、ノウハウなどを盛り込んだものであるだけに、業務に適正に運用することが望まれています。

CHAPTER 1 **日本と世界におけるCSRの現況**

　第3は、社会の常識・良識などの「社会規範の順守」に配慮し、ステークホルダーや社会からの要請に対応することが重要です。

　また、国際的イニシアティブ（OECD多国籍企業行動指針や国連の「ビジネスと人権に関する指導原則など」）もこの範疇に含まれます。これらは、ソフトロー（法的な拘束力のない社会的規範）として法令の未整備や実効性がない場合には、サプライチェーンのCSRとして重要となります。したがって、コンプライアンスを広く理解し対応しましょう。

会社のためだけでなく、自分と家族を守るために

　企業や社員が「会社や自分たちの利益」だけを考えて行動していては、社会からの信頼は得られません。また、コンプライアンス違反を犯した場合には、会社だけでなく社員自身やその家族にも影響を及ぼし、大きな犠牲を払うことになりかねないのです。

　コンプライアンス違反をすると、会社の経営が悪化するだけではありません。不祥事を起こした社員とその家族の人生も、ボロボロになることもあります。例えば、本人は逮捕される場合もあり、刑法など関係法令にのっとって罪に問われます。

　有罪になれば、刑務所に収容されるか、多額の罰金を課される可能性があります。家族も、マスコミをはじめ周囲の目にさらされることで大変な弊害が生じ、幸福な家庭生活が、あっという間に瓦解してしまう可能性もあるのです。

　このように、コンプライアンスは、会社のためだけではなく、「自分と自分の家族を守るため」でもあるのです。社会に迷惑を掛けないように行動することが、最終的には、家族はもちろん、本当に会社のためになるということをきちんと理解することが重要です。

（田中　宏司）

CHAPTER 1

6 企業のCSRレポートの 役割と現状と課題

CSRレポートの役割とは

　企業のCSR活動を分かりやすく取りまとめ、情報開示を行うためのツールがCSRレポートです。同レポートを作ることにより、それまで明らかではなかった企業活動のプロセスを可視化でき、①経営の意思決定に活用できるだけでなく、②社員が自社の企業活動およびその意義について理解を深められるほか、③社内外の様々なステークホルダーとコミュニケーションを取るための重要な情報基盤にもなります。

　CSRレポートで開示する内容は社会からの要請を取り入れた「報告ガイダンス」によって定められています。これは報告書というものが、いわゆる宣伝・広告とは異なり、企業を外部から正しく評価するために、企業にとって都合の良いことばかりではなく、場合によっては都合の悪い情報、さらには経年または企業間において「比較可能」な情報が必要だからです。

　このため報告ガイダンスへの理解を深めることが社会の要請に応えた良いCSRレポートを作るための第一歩になります。

　報告ガイダンスとして世界中で最も活用され、標準となっているのが国際NGO、GRI（Global Reporting Initiative）による「GRIスタンダード」です。GRIスタンダードは、マルチ・ステークホルダー・プロセスという多様なステークホルダーから偏りなく広範な意見を取り入れるという手続きにより策定され、国際的に非常に信頼性が高い内容となっています。

　GRIスタンダードにより開示が求められている内容は、「トリプルボトムライン」と呼ばれる「環境」「社会」「経済」の活動パフォーマンス情報と、そのパフォーマンスを管理・向上させるための「ガバナンス」情報となります。

最近ではこの「環境：Environmental」「社会：Social」「ガバナンス：Governance」の各情報をその英語の頭文字を取って「ESG（非財務）情報」と呼んでいますが、CSRレポートは企業評価のために近年注目を浴びているこのESG情報の開示を担う重要な報告書となっているのです。

CSRレポートの現状と課題

では、日本におけるCSRレポートの発行状況はどうなっているのでしょうか。環境省の「環境にやさしい企業行動調査」の最新版（2016年度版、2018年3月発行）によると、従業員500人以上の上場企業1004社、従業員500人以上の非上場企業および事業所3170社、合計4174社を対象にアンケート（標本調査）を実施した結果、回答企業全体の37.9%が環境報告書もしくはCSRレポートを発行していることが分かりました。

日本では1997年に「環境報告書ガイドライン」の初版が発行され、2005年には「環境配慮促進法」が施行されるなどESG情報の開示を後押しする制度がつくられてきました。

世界では2016年10月にGRIガイドラインがGRIスタンダードへと格上げされて発行されたほか、米国サステナビリティ会計基準審議会（SASB）によるSASBスタンダード、国際統合報告評議会（IIRC）による「統合報告フレームワーク」など、ESG情報開示における制度化の流れが加速しています。

世界的に企業評価へのESG情報の活用が当たり前となるなか、日本企業はこうした世界の動きに取り残されないよう、これまで以上にCSRレポートなどを通じたESG情報の開示を強化していくことが必要となるでしょう。

（安藤　正行）

CHAPTER 1

7 ISO26000とは何か

　「ISO26000」は、組織の社会的責任に関する新たな国際規格として、2010年11月に発行されました。その特徴として、①組織が効果的に社会的責任を実践し、組織全体に統合するためのガイダンス規格であり、従来の第三者認証規格ではないこと、②ISO26000の利用者を企業に限定せず、あらゆる組織を対象としていること、③組織が社会的責任を実践するに当たって、ステークホルダーの参画を強く打ち出していること——などを挙げることができます。

ISO26000の特徴とは何か

　1つ目の特徴は、ISO26000がガイダンス規格であり、ISO9001やISO14001のような第三者認証規格ではないということです。第三者認証規格とは、要求事項を充足しているか否かを第三者機関が評価し、その結果に基づいて認証を与える仕組みです。一方、ISO26000は、組織が効果的に社会的責任を実践するための推奨事項が示された手引文書として発行されました。

　2つ目の特徴は、ISO26000の利用対象者を企業に限定せず、あらゆる形態の組織（企業、労働組合、消費者団体、NGO〈非政府組織〉など）を含めている点です。そのため、ISO26000では、CSRの「C（企業）」を外して、「Social Responsibility（社会的責任）」という言葉が使用されています。なお、ISO26000では「社会的責任」を次のように定義しています。

「社会的責任」の定義

　組織の決定及び活動が社会及び環境に及ぼす影響に対して、次のような透明かつ倫理的な行動を通じて組織が担う責任
• 健康及び社会の繁栄を含む持続可能な発展に貢献する

24

CHAPTER 1　日本と世界におけるCSRの現況

> ・ステークホルダーの期待への配慮
> ・関連法令の順守及び国際行動規範と整合している
> ・組織全体に統合され、組織の関係の中で実践される

　3つ目の特徴は、ステークホルダーの参画を重要な概念として取り上げている点です。ISO26000では、「ステークホルダーの特定」および「ステークホルダーエンゲージメント」を組織の社会的責任の中心的課題として位置付けています。

7つの原則と7つの中核主題とは

　組織が社会的責任を果たすための具体的な実践内容として、ISO26000では、「7つの原則」と「7つの中核主題」が示されています。

7つの原則	7つの中核主題
説明責任	組織統治
透明性	人権
倫理的な行動	労働慣行
ステークホルダーの利害の尊重	環境
法の支配の尊重	公正な事業慣行
国際行動規範の尊重	消費者課題
人権の尊重	コミュニティーへの参画及びコミュニティーの発展

　7つの原則は、7つの中核主題を実践するに当たって踏まえるべき原則として示されたものであり、ISO26000を実践するための「入り口」もしくは「導入」部分であると理解することができます。7つの原則には、全体で40の検討項目が設けられており、社会的責任の実践に関する組織の現状や課題を自己点検することができます。

　また、7つの中核主題には、各主題の中に全体で36の具体的な課題が設けられています。7つの中核主題は、あらゆる形態の組織に適用可能ですが、36の課題については、組織にとって関連性の低いものもあるため、関連性の高い課題を選択したうえで、実践に移す必要があります。

（大塚　祐一）

CHAPTER 1

8 国連グローバル・コンパクトとは何か

アナン国連事務総長（当時）が提唱

国連グローバル・コンパクト（UNGC）とは、1999年の世界経済フォーラム（ダボス会議）席上で故コフィー・アナン国連事務総長（当時）が提唱し、その後、歴代の国連事務総長も明確な支持を表明しているイニシアティブです。

企業を中心とした様々な団体が、責任ある創造的なリーダーシップを発揮することによって社会の良き一員として行動し、持続可能な成長を実現するための世界的な枠組みづくりに自発的に参加することが期待されています。

2000年7月26日にニューヨークの国連本部で正式に発足し、2004年6月24日に開催された最初のGC（グローバル・コンパクト）リーダーズ・サミットにおいて腐敗防止に関する原則が追加され、現在の形となりました（グローバル・コンパクト・ネットワーク・ジャパンのホームページ参照）。

グローバリゼーションの負の側面

このような原則が提案された背景には様々な事象がありますが、大きくは2つあります。

1つは、グローバリゼーションの負の側面が目立ち、過激なアンチ・グローバリゼーションの動きが出てきたこと。2つ目は、人類的課題を解決するには国家だけでは無理で、社会のあらゆる事象にほとんど関係する企業に、大きな役割を期待せざるを得なくなったこと。

原則は、人権・労働・環境・腐敗防止の4分野での10原則から成っています（右表参照）。提唱された時点ですでに世界的に共通する指導原則が確立していることを確認するものです。

例えば、人権は1948年に国連で採択された世界人権宣言など、労働は国際労働機関（ILO）の4重点分野8条約、環境は1992年にブラジル・リ

CHAPTER 1　日本と世界におけるCSRの現況

オデジャネイロで開かれた地球サミット（国連環境開発会議）で採択された リオ宣言などの世界的指導原則に基づいています。腐敗防止が追加されたのは2003年に国連腐敗防止条約が採択され、国際的な共通認識になったことが背景にあります。

世界で1万2000団体が署名

2018年10月現在、この原則に署名している団体は1万3000団体強です。そのうち企業は約80％で、ほかには労働組合、NGO、自治体などが加盟しています。日本の企業や団体で署名したのは290団体です。

署名企業は、国連の様々な政策への支援が期待され、CoP（Communication on Progress）という、10原則に関する取り組み状況についての報告書を年1回提出することが義務となっています。CSR報告書を作成している企業はそれがCoPになりますので、追加的に何かを作成するということはありません。

活動は、国連のグローバル・コンパクトオフィスが運営するイニシアティブと、各国のローカルネットワークの活動の2つが主になります。

前者には、水問題に関するThe CEO Water Mandateや、気候変動に対処するCaring for Climate（C4C）などがあり、後者では、2018年10月末の時点で71のローカルネットワークがあり、様々な活動をしています。日中韓の3カ国では毎年ラウンドテーブル会議を開催しています。

人権	原則1	企業は、国際的に宣言されている人権の保護を支持、尊重すべきである
	原則2	企業は、自らが人権侵害に加担しないよう確保すべきである
労働	原則3	企業は、組合結成の自由と団体交渉の権利の実効的な承認を支持すべきである
	原則4	企業は、あらゆる形態の強制労働の撤廃を支持すべきである
	原則5	企業は、児童労働の実効的な廃止を支持すべきである
	原則6	企業は、雇用と職業における差別の撤廃を支持すべきである
環境	原則7	企業は、環境上の課題に対する予防原則的アプローチを支持すべきである
	原則8	企業は、環境に関するより大きな責任を率先して引き受けるべきである
	原則9	企業は、環境に優しい技術の開発と普及を奨励すべきである
腐敗防止	原則10	企業は、強要と贈収賄を含むあらゆる形態の腐敗の防止に取り組むべきである

（後藤　敏彦）

CHAPTER 1 9 サステナブル投資と ESG投資

社会的責任投資（SRI）からESG投資へ

　サステナブル投資は、企業がCSRに取り組むのと同様に、年金基金・金融機関・個人などの投資家が、その社会的役割を考えて、投資対象企業の社会課題への取り組みを評価して反映する投資です。

　以前は企業の社会的責任の観点から、「社会的責任投資」（SRI）と呼ばれていましたが、2000年ごろからサステナビリティ（持続可能性）が世界的な優先課題となり、「サステナブル投資」と呼ばれるようになりました。対象資産も上場株式だけでなく、プライベート・エクイティ（未上場株式）、債券、不動産、また水や森林などの資産にも広がりました。

　社会課題は時代とともに変化し、CSRやSRIのテーマ・取り組みも変化します。SRIは1920年代に、ギャンブル・武器・酒・たばこ関連の望ましくないと考える企業を投資対象から除く米国のキリスト教系資金によるネガティブ・スクリーニングから始まりました。

　1960〜80年代にはベトナム反戦、公民権運動、南アフリカのアパルトヘイト（人種隔離政策）問題、環境問題などの社会運動が盛んとなり、ナパーム弾製造企業や南ア進出企業への投資を中止しました。最近では2012年に学校での銃乱射事件を機に米カリフォルニア州教職員退職制度などが銃器製造企業への投資を禁止しています。日本はOECD加盟国の中でも石炭火力発電所の新たな建設が予定される唯一の国ですが、温室効果ガス（GHG）の排出量が大きい石炭や石炭火力発電関連企業の保有株式を売却するダイベストメントの動きも世界的に広がっています。

　2000年前後には、企業の良い面を評価するポジティブ・スクリーニング手法が広まり、この時期に始まった責任投資指数もこの考えに基づいています。2000年には英国で年金法が改正され、社会、環境、倫理を考慮しているか開示することが求められるようになりました。同様の動き

28

が欧州他国にも広がり、これを契機に年金基金にSRIが広まりました。

ESGが投資の重要な基準に

　2006年には国連環境計画・金融イニシアティブと国連グローバル・コンパクトが世界の年金基金や機関投資家などと連携して国連責任投資原則（UNPRI）の活動が始まりました。PRIは投資の分析と意思決定に環境・社会・ガバナンス（ESG）を考慮するESG投資を広げる取り組みです。SRIを専門とする投資家だけでなく、より広く年金基金などの通常の投資でESGを考慮することを目指しています。

　2018年10月現在、2100を超える世界の年金基金や投資運用会社などがPRIに署名し、その運用資産総額は82兆㌦を超え、日本の署名数も66となりました。世界の年金基金トップ20のうち12基金がPRIに署名し、資産額比率は71％です。設立10年を迎えたPRIは、今後10年を見据えて「投資家のためのブループリント」を発表し、気候変動対策の支持とSDGsの実現を掲げました。また金融安定理事会は、気候変動への取り組みが金融市場の安定化に重要との認識に基づき、気候関連財務情報開示タスクフォース（TCFD）を設け、2017年に最終提言を発表しました。

日本のESG投資本格化

　日本は欧州などと比べてSRIやESG投資で大きく出遅れましたが、機関投資家が取り組む「『責任ある機関投資家』の諸原則《日本版スチュワードシップ・コード》」が2014年に、また企業が取り組む「コーポレートガバナンス・コード」が2015年に発表され、さらに2015年9月にGPIF（年金積立金管理運用独立行政法人）がPRIに署名し、その資金を運用する受託機関に対してESG投資を働きかけたことで様変わりしました。

　2017、18年には、金融庁が両コードを改訂、さらに経産省、環境省による取り組みも進み、日本取引所グループも国連の「持続可能な証券取引所イニシアティブ（SSE）」に参加するなど、大きな進展が見られました。NPO法人社会的責任投資フォーラムが2018年後半に行ったアンケート調査では、日本のサステナブル投資は約200兆円で、そのうちESG投資は118兆円を超える規模に拡大しています。　　　　　（荒井 勝）

CHAPTER 1

10 自治体のCSR・SDGs政策

表裏一体の政策課題と経営課題

　過疎化、高齢化や貧困者の増加、健全な雇用の創造、自然・住環境の悪化、域内企業の競争力低下や流出など、現代の自治体はさまざまな政策課題（地域課題）に直面しています。一方で企業は人口流出に伴う採用難、健全な雇用のためのブラック企業問題対策、事業環境の安定化のための環境経営の推進、競争力強化のためのCSR調達への対応力強化など、さまざまな経営課題に直面しています。

一体化を強める自治体の政策課題と企業の経営課題の例

政策課題	=	経営課題
域内人口の流出	↔	採用難
健全な雇用の創出	↔	ブラック企業問題対策
地域環境の保全	↔	環境経営の推進
域内企業の競争力の低下	↔	CSR調達への対応力強化

　地域での多様な社会問題は、表のような課題として認識されます。自治体の政策課題と企業の経営課題は表裏一体の関係といえるでしょう。これらは地域社会の持続可能性を脅かすリスクでもあります。

自治体による「CSR政策」の登場

　このような社会的背景から2003年のCSR元年以降、一部の自治体で政策としてCSRを推進する機運が醸成されてきました。自治体は地域社会の実情を把握し、域内企業に対して広範な働きかけをすることが可能な立場にあります。域内企業のCSR活動の実践や社会的健全性と経済的健全性の両立を誘導し、社会問題の解決や地域社会の活性化につなげる「CSR政策」として位置付けられるのが、近年登場した「CSR認証」です。その嚆矢は横浜市の「横浜型地域貢献企業認定制度」であり、その後さい

30

CHAPTER 1　日本と世界におけるCSRの現況

たま市や静岡市、仙台市など、大都市を中心に登場しています。

　名称にはCSRの表現を用いないケースや、「認証」「認定」「表彰」などの
ケースがありますが、いずれも自治体などが、一定の基準で域内企業の
社会的健全性や経済的健全性、つまりCSRの実践状況を審査し、条件を
満たした企業を認証することで、CSR活動を促進する政策です。このよう
な取り組みは商工会議所などの経済団体や業界団体でも、地域振興や
業界活性化を目的として行われています。

　自治体が認証制度を通じて、域内の企業にCSR活動を促すことで企業
が自らの経営課題を解決し、それにより企業価値を向上させ、あわせて
政策課題の解決を目指すのがCSR認証のポイントだといえるでしょう。

　ただし、CSR認証だけでは、基準を満たす企業だけが対象となり、政
策対象が限定される問題が残ります。社会の持続可能性を考えれば、
CSRは業種や規模に関係なく求められるものであり、今後の自治体には
CSR認証だけでなく、さまざまなレベルの企業に対して、CSRの促進・
普及を図るために、CSR政策のバリエーションの充実が必要になります。

SDGs政策の登場とCSR政策の関係

　CSRを政策化する動きとは別に、地域の企業や住民と協働してSDGsの
目標達成を目指す、「SDGs政策」が登場しました。SDGs政策には地域の
持続可能性のために、自治体経営をSDGsの枠組みで再構成することが必
要になります。そのため、国では2018年に意欲的な自治体を「SDGs未来
都市」「自治体SDGsモデル事業」として選定し、その推進を図っています。
また、SDGs未来都市でもある静岡市では、同年にSDGsを発信する、国連
ローカル2030の「ハブ都市」にアジアで初めて選定されました。

　CSR認証のような既存のCSR政策は、域内企業に対してCSR活動に
よって政策課題と経営課題の解決の両立を促すものであり、SDGs政策と
極めて親和性が高い政策です。しかし、両者の重複は二重行政による政策
コストの肥大化を招く恐れがあるため、SDGs政策とCSR政策は一体的に
進める必要があります。

(泉　貴嗣)

CHAPTER 2

社会の中での企業の役割

CHAPTER 2

1 企業とは社会において どんな存在か

　松下幸之助の言葉に「企業は社会の公器」という一節があります。これは、企業は社会に有益な価値を提供し、その見返りに利益と信頼を獲得し、社会的存在を許される、という意味です。

　企業は、社会と社会を構成する様々な組織や人に対して多大な影響をもたらす社会的な存在です。一方、企業に対し影響を与え、また利害関係を持つ組織や個人（「ステークホルダー」といいます）も存在します。企業にとっては株主のみならず、従業員、お客様、取引先、地域社会など様々なステークホルダーが存在します。しかしステークホルダーは必ずしも社会を代表しているのではなく、時には社会の利害と相反することもあります。企業はステークホルダーとの関係性の中で、社会全体に与える利害を調整しながら活動しています。

　良い商品・サービスをお客様に提供し続け、利益を出し、ステークホルダーの利害とのバランスを取りながら、社会に役立っていくことが「社会の公器」としての基本的な役割です。

古くから「三方よし」の商道徳

　企業と社会の関係性を端的に表す言葉に「企業の社会的責任」があります。日本企業にとって社会的責任の考えは必ずしも新しい概念ではありません。例えば、近江商人の家訓である「三方よし」（売り手よし、買い手よし、世間よし）に代表されるように、日本では古くから社会への配慮を重視する商道徳がありました。

　また、経営者の集まりである経済同友会では、1946年の設立以来、「企業は社会の公器である」との自覚の下、「経営者の社会的責任の自覚と実践」や「社会と企業の相互信頼の確立」などの考え方を提起するなど、日本には「経営者の社会的責任」を重視する風土が早くからありました。

　1950～70年代には、公害問題をきっかけに社会的責任論が浮上しまし

CHAPTER 2　社会の中での企業の役割

た。また、1970年代には石油危機による企業の買い占めや売り惜しみなどの消費者問題を中心とする企業の社会的責任が取り上げられ、その後も企業の不祥事が起きるたびに社会的責任が問われてきました。

地球的規模の課題が企業を動かす

そのような流れの中で、日本経済団体連合会(経団連)が、1991年に「企業行動憲章」を制定し、企業が高い倫理観を持ち、法令順守を超えた社会的責任を認識し、様々な社会課題の解決への貢献を会員企業に働き掛けました。

1990年代になると企業のグローバル化の進展により、その「負」の問題が顕在化してきました。地球温暖化(気候変動)の問題、途上国での児童労働や強制労働などの人権問題、経済格差の問題や公正取引上の問題などです。グローバル化によって開発途上国を中心とするサプライチェーンを通じても、様々な「負」の影響が地球規模で及ぶようになってきました。

これと並行し、地球規模の課題やコミュニティが抱える福祉、教育や環境などの課題解決を目指すNGOやNPOなどの市民主体の活動が世界的に活発化してきました。これらの組織からは、社会課題の増加の要因に企業活動があるとして企業に対する批判が高まる一方で、社会課題の解決には企業の関与が不可欠であることも認識されるようになりました。

企業にとってはこれらの組織を新たなステークホルダーとして認識する必要が出てきました。このような流れを背景に、企業が社会に対して果たしていくべき責任の範囲が広がり、1990年代後半から「企業の社会的責任(CSR)」という概念が世界的に広がっていきました。

事業を通じて社会課題の解決を

今、企業は、社会やステークホルダーから、社会課題の解決を通じて地球社会の持続可能な発展に貢献することが期待されています。その取り組みが企業自身の価値向上につながります。逆にそれらへの対応次第では経営上のリスクになる可能性もあります。その成果や活動上の課題などを積極的に社会に開示し、説明責任を果たすことや自社のみならず取引先なども巻き込んだ取り組みもますます重要になっています。　　　　(鈴木 均)

35

CHAPTER 2

2 社会における企業の役割はどう変わってきたか

　社会は、多様な組織がそれぞれの役割を担って構成されています。まず、社会の仕組みを形作る政府や自治体は、社会のルールである法律や条例を作り、税金を主たる財源にして社会福祉、公共投資を担います。

　社会には、行政の役割を補完するような市民組織も数多く存在します。例えば、NGO／NPOがそれに当たります。

企業の経済活動には「負の側面」も

　では、企業の役割は何でしょうか。言うまでもなく、現代社会においては、企業は経済活動の主たる担い手です。企業は、株式や融資を原資にして、製品やサービスを提供し、利益を生み出します。また、日本の労働人口の80％以上が、企業で働いています。企業は雇用を生み出し、賃金を提供する大きな役割も担っています。企業や社員は税金を払い、NGO／NPOに寄付をします。このように見てみると、企業は経済面で社会を支える存在であるということができます。

　しかし、企業活動が活発になり、大規模、全世界的になるにつれ、別の側面も現れてきます。1950〜70年代には、水俣病や四日市ぜんそくのような公害問題が発生しました。最近の中国のPM2.5（微粒子状物質）も同じような問題です。それだけではありません。企業は自らの工場で汚染物質やCO_2を出すだけではなく、生産した車や電気製品を消費者が使うことによりCO_2を排出することになります。

　また、このような製品を作るために、希少金属などの資源を使用する必要もあります。こうした資源はしばしば、途上国の山を切り開いて採掘されます。このように、気候変動の原因であるCO_2の排出や熱帯雨林の破壊などの地球環境問題も、元をたどれば、企業の経済活動に関係してくるのです。

途上国では児童労働や強制労働も

36

CHAPTER 2　社会の中での企業の役割

　企業は雇用を生み出す重要な役割を担っていますが、一方で、適切な雇用形態が取られない場合、人権や労働の問題を引き起こします。近年、日本でもブラック企業が話題になっていますが、利益を重視するあまり、労働者の権利を侵害するような例も多数報告されています。このような問題は日本だけに限定した話ではありません。

　例えば、洋服のラベルを見てみれば、ほとんどが、中国製、バングラディシュ製などです。実は、こうした製品の大部分は洋服のブランドの会社が自ら生産しているのではありません。サプライヤーと呼ばれる下請けの会社が、途上国の安い労働力を使った専門工場で大量生産しているのです。このような工場では、児童労働や奴隷まがいの強制労働が行われている事例も報告されています。

社会的責任は自社にとどまらない

　環境問題や人権問題は、企業が巨大化し、グローバル化が進むとともに、より深刻な問題になってきています。2010年に発行された、国際規格ISO26000（社会的責任に関する手引き）では、社会的責任を「組織の決定及び活動が社会及び環境に及ぼす影響に対して、透明かつ倫理的な行動を通じて組織が担う責任」と定義しています。

　EU（欧州連合）は2011年、CSRを「企業の社会に与える影響（インパクト）に対する責任」と再定義しました。企業には、環境や社会に対して起こり得る不都合な影響を同定し、回避や緩和する責任があることを明確にしたのです。また、社会的責任の一環として、企業は経済的な利益を追求するだけではなく、持続可能な開発目標（SDGs）のような社会課題に対しても貢献が求められる側面もあります。

　こうした新しい社会的責任の中で特に重要なのは、その責任が、企業の自社内にとどまらない点です。その企業が直接手を下さない資源の採掘や下請けの工場などのサプライチェーン、さらに製品の使用や廃棄も含めたバリューチェーンというビジネスに関係する幅広い部分にまで、責任が及ぶという考え方です。現在の企業には、経済活動だけでなく、社会的責任という役割がますます期待されているのです。　　　　　（冨田　秀実）

CHAPTER 2 3 企業にとって ステークホルダーとは何か

「ステークホルダー」という言葉は、企業の社会的責任を考えるうえでの重要なキーワードです。

組織の社会的責任の国際規格ISO26000では、ステークホルダーを、「組織の何らかの決定または活動に利害関係をもつ個人またはグループ」と定義しています。言い換えれば、ステークホルダーは、企業に対して「影響を与える」または「影響を受ける存在」であり、具体的には株主、顧客、消費者、従業員、取引先、政府・行政機関、金融機関、債権者、競合企業、地域社会、NGO／NPOなどを指します。

ステークホルダーの声を聴く

企業の社会的責任の観点からは、企業は経済だけではなく環境や社会への配慮を事業活動の中に組み込むべきとしています。それは企業が自然環境や社会に依存し、また同時にそれらにインパクトを与えているからです。

従って、企業業績の向上や株主配当増大など(経済的価値創造)だけではなく、環境や社会に対するネガティブ・インパクトを最小化し、ポジティブ・インパクトを最大化すること(環境的価値や社会的価値の創造)も求められているのです。

そのためには、様々なステークホルダーの期待やその声に配慮しながら、経営の中に生かしていくことが重要だと考えられています。

例えば、CSRにおいて自社が優先的に取り組むべき重要事項を特定する際にも、社内検討だけで重要性を決めるのではなく、ステークホルダーの声を聴き、ステークホルダーにとっての重要度を考慮したうえで決定すべきとされています。

対話を通じた双方向のコミュニケーションを

実際にステークホルダーの期待を把握し、経営に生かしていくために

CHAPTER 2　社会の中での企業の役割

は、継続的な意見交換や対話の場を設けるなど、ステークホルダーとの双方向のコミュニケーションが重要です。その中で考慮すべきなのは、ステークホルダーの中には、将来世代や自然環境など、「声なきステークホルダー」も含まれるという点です。その場合、声なき声を代弁する「代理のステークホルダー」という考え方があり、例えば将来世代のために環境保護を主張するNGO／NPOなどがそれに該当します。

　また、企業が能動的に社会的責任を果たす、という観点からステークホルダーとの関係を考えると、単なるコミュニケーションや対話の域を越えて、より積極的にかかわり合い、課題解決や共通の目的達成のために共に行動を起こすことも必要です。

ステークホルダーエンゲージメント

　このようにステークホルダーとの相互のかかわり合いを強めることを、「ステークホルダーエンゲージメント」と呼び、CSRへの取り組みを深めていくうえで重要な概念とされています。

　日本経済団体連合会（経団連）による「企業行動憲章 実行の手引き」（第7版）では、「企業が社会的責任を果たしていく過程において、相互に受け入れ可能な成果を達成するために、対話などを通じてステークホルダーと積極的にかかわりあうプロセス」と定義しています。

　その中で、エンゲージメントは「企業がステークホルダーと見解を交換し、期待を明確化し、相違点に対処し、合意点を特定し、解決策を創造し、信頼を構築するための協議プロセスとして有効である」としています。

　目指すべきエンゲージメントの姿とは、どちらか一方からの働き掛けだけではなく、双方向で相互作用をもたらすものですから、企業はステークホルダーの声を受け身で聴くだけではなく、必要に応じて積極的にステークホルダーに働き掛けることも必要です。

　以上のように、ステークホルダーは企業が社会的責任を果たしていくうえで、欠かせない関係者であり、何を目的としてどのステークホルダーとどのようなコミュニケーションやエンゲージメントを行うかは、CSRの戦略的推進に不可欠な要素であるといえます。　　　　　　　（関 正雄）

CHAPTER 2

4 企業に求められる必要な対話力とは

コンプライアンスは「法令順守」だけではない

「コンプライアンス」は「Comply」という動詞から派生して名詞となった言葉です。「Comply」は「柔軟性」「調和」を意味し、工学用語では「しなやかさ」とも訳されます。すなわち「コンプライアンス」とは、「社会の要請に応じ、組織の目的を実現すること（社会的要請への適応）」が本来の意味です。

もともと「Comply」とは、ジョン・ミルトンの『失楽園』（1667年）の中で、「すべてを充たしてくれる理想の女性」を表現するために用いられ、男女の精神的関係を表す言葉として使われていました。

夫婦関係、恋人関係を考えれば、「順守」という言葉がなじまないことは分かると思います。期待されているのは、押し付けの要請に従うことではなく、相手の気持ちをどう受け入れるかという対話力なのです。

そもそも、法令やリスク要因などはその時々の社会の期待や価値観を規範化・文書化したものにすぎません。社会の環境や価値観が急変する時代には、法令や基準自体が環境変化に適応できないこともあります。全ての物事をタイムリーに法令に反映させることは、制度的にも物理的にも限界があります。安全管理といった複雑な事象ほど、単純に文書化することは困難です。にもかかわらず、法令などの順守にこだわると、潜在的なリスクを見落とし、大きな問題を引き起こすかもしれません。

対話を通じて落としどころを探る

すべての社会の事象やリスクを文書化して、単純に白黒判別し、画一的な解決策を見つけられるでしょうか。それができるのなら、禁止事項を全て文書化し、それらを徹底的に順守させれば目的を達成できるはずです。しかし、現実に私たちが向き合う問題の多くは、白黒の判別がつきにくく単純に解決できないことばかりです。むしろ、唯一絶対の解決

策のない問題に直面することの方が多いのではないでしょうか。

　こういった唯一絶対の解決策なき問題に対応するためには、対話を通して落としどころを模索する力を付けることです。一方的に説き伏せるような説得ではなく、異なる価値観を相互に受け入れながら、解決のための落としどころを模索し、「話の着地点」を見つける力を付けることこそが真の問題解決につながります。まずは相手の気持ち（ルールの趣旨や立法の背景を含む）を知ることが前提であり、コンプライアンスの本質でもあります。

　このことは企業内部のみならず、外部との関係においても同じことがいえます。価値観が多様化した社会では、ステークホルダーとの対話において、必ずしも明確に法令化されていない事象に直面することも多くあります。特に、ステークホルダーはそれぞれ異なる価値観を持っていることが多く、単純には解決できません。むしろ、ステークホルダーとの対話を通して落としどころを模索し、共に行動のガイドラインを作るなど、社会との対話の中でルールを創造し、解決していく必要があります。そのためには、事実関係や背景、狙いを正確に理解したうえで、法律上の問題点やグレーゾーンを判断し、一般的な正解のない問題から最大公約数の答えを導き出すという、知識を応用する力が必要です。

自ら率先して社会の期待をとらえる

　これからの時代は、与えられた物を守るという受動的な対応から、率先して社会の期待をとらえ、解決方法を模索し、行動に移す、能動的な対応に変える必要があります。法やルールは社会の変化に応じて形を変える生き物です。社会の期待や価値観の変化を受け入れるという点ではコンプライアンスもCSRも本質は同じです。

　コンプライアンスやCSRへの取り組みを通して、社会の要請や期待をリスクとして早期に認識し、必ずしも文書化されていないことに対しても、積極的に、柔軟かつ的確な対応が必要です。価値観が大きく変化する社会に柔軟に応えるためには、環境変化に対するアンテナを高く張り、感受性を磨き、社会からの要請や期待を正確にとらえ、あらゆる環境変化を「自分ごと」化して取り込む習慣を付けることです。　　　　（大久保 和孝）

CHAPTER 2

5 消費者重視経営とは何か

　企業におけるコンプライアンスの定着、CSR経営への取り組みは着実に進展してきています。具体化の指標としてSDGsの導入も積極的になされています。さらに経営を監視する社外取締役の導入も進みました。

日本の消費者政策は遅れていた

　しかしなお、経済の停滞を反映した企業不祥事は後を絶ちません。東芝・不正会計、東洋ゴム・性能データ改ざん、日産・マツダ・スズキ・データ改ざん、三菱マテリアル・神戸製鋼・品質不正、スルガ銀行・不正融資、その他談合や過労自殺など深刻な事態が明らかになっています。

　いずれも企業利益が何よりも優先された結果だといえます。

　企業活動は消費者の暮らしを向上させ、今の便利で豊かな社会を作り上げてきました。その反面、環境に負荷を与え、消費者問題を引き起こしてきたことも事実です。企業と消費者は密接な関係を持っています。戦後の復興期、行政は産業育成に力を注いできました。その結果、一方の消費者政策は先進国の中でも非常に遅れていたのです。

　2004年に消費者保護基本法が改定され、消費者基本法が制定されました。消費者の８つの権利（基本的需要の充足、安全の確保、選択の機会の確保、必要な情報の提供、教育機会の確保、政策への意見の反映、適切・迅速な救済）が初めて明記され、権利の尊重と自立支援が消費者政策の基本的な枠組みとなります。

　2009年には、国民一人ひとりの立場に立った消費者行政に向け、その司令塔としての「消費者庁」が設立されました。同時に、消費者行政全般に監視機能をもつ独立した第三者機関として「消費者委員会」が発足し、ようやく消費者行政が充実してきたのです。

「消費者」の位置付けが不明確

　消費者はコアステークホルダーとして位置付けられています。ですが、

CHAPTER 2　社会の中での企業の役割

事業経営において顧客ととらえられている場合が多いのです。顧客はその事業者の商品やサービスを利用する者、消費者はもっと広い概念で企業に対峙する社会の構成員です。顧客を重視するのは当然ですが、権利を持っている消費者を意識し、その権利を重視しなければなりません。

　雪印乳業は低脂肪乳による食中毒事件後、存亡の危機に直面しました。事業規模を縮小し、コンプライアンスを徹底させることによって、企業風土を徹底的に改革し、再建に向けて懸命な努力をしてきました。その過程で、事件の要因の一つは最終消費者を重視していなかったことにあることを、明確に認識したのでした。2009年、別会社となっていた日本ミルクコミュニティと合併し、雪印メグミルク株式会社となりました。ようやく総合乳業メーカーとして再出発することができました。

　雪印乳業として取り組んできた「消費者重視経営」は雪印メグミルクに引き継がれています。雪印メグミルクは企業理念「私たちの使命」のなかで、「消費者重視経営の実践」、「酪農生産への貢献」、「乳（ミルク）にこだわる」の3つの使命を果たすことを宣言しています。

消費者重視経営の実践

　消費者重視経営の根拠としたのは「消費者基本法」が示す消費者の8つの権利の尊重とともに、事業主の5つの責務の実行です。

　具体的には、消費者に対し、①安全と取引の公正を確保すること、②必要な情報を提供すること、③取引の際に消費者の知識や経験、財産状況などに配慮すること、④苦情を適切かつ迅速に処理する体制の整備と適切な処理、⑤国や自治体の消費者政策に協力すること——の5つの責務です。

　重要なことは常に消費者との接点をいかに多く持つかを模索することであり、企業内論理に陥らないために、常に外部の目を大事にすることです。そして何よりも重要なことは形式的ではなく、実質的な中身を重要視し、確実に企業経営に反映していく覚悟と実践です。

（日和佐 信子）

COLUMN*2

社会から尊敬される企業とは何か

坂本 光司

社会から尊敬される企業とは、企業規模や業種・業態を問わず、企業経営をするうえにおいて「一番大切なことを一番大切にし続けている企業」「一番大切にすべきことを決しておろそか・ないがしろにしていない企業」のことをいいます。

単に著名な企業だとか、業績が優れている企業だとか、あるいは、抜きん出た高度な商品開発力やマーケティング力を保有しているといった企業などではありません。いかにこれらのことが優れていたとしても、一番大切にすべき「人の命や生活」を犠牲にするような経営をする企業が、尊敬されるはずがないのです。

こうした間違った経営をしていると、たとえ一時の栄華を手に入れたとしても、それが継続することは決してないのです。このことは、これまでの企業の盛衰の歴史を見れば見事に証明されています。

「5人」の人を大切にする経営こそ

企業経営にとって一番大切なことは、企業にかかわる全ての人々をトコトン大切にし、その幸せを追求・実現することです。このことを経営理念に高らかに掲げ、愚直一途に人中心の経営を行っている企業こそが、社会から尊敬される企業なのです。

企業にかかわる全ての人々の中で、とりわけ大切な人は「社員とその家族」「自社でやれない仕事をしてくれている会社の社員とその家族」「現在顧客と未来顧客」「地域住民、とりわけ社会的弱者」そして「出資者・支援者」の5人です。

これらの5人を犠牲にしない企業経営、5人がその企業に関係する喜び
をかみしめられるような経営をしている企業こそが、唯一尊敬される企業
なのです。

　逆に、業績悪化を理由に、社員をリストラし、路頭に迷わせるような企業、
サービス残業を強いたり、過度な残業を強いたりするような企業が尊敬さ
れるはずがありません。

　仕入れ先や協力企業（外注企業）をコストや材料・景気のバッファー（緩
衝材）などと評価・位置付けするような企業、自社の業績悪化を理由に、仕
入れ先や協力企業（外注企業）に一方的かつ大幅なコストダウンを強いるよ
うな企業、さらには規模の小さな企業に対し手形決済を強いるような企業
が尊敬されるはずがありません。

「業績最優先」では尊敬されない

　尊敬される企業経営とは、「いつでも、どこでも目の前にいるお客様に
とって一番良いことをしてあげること」であるにもかかわらず、自社や自
分の業績を高めることばかりを優先するかのような言動では、尊敬を勝ち
取ることができません。そればかりか、誠実に生きようとしている社員に
幸せどころか、苦しみを与えてしまうのです。

　さらに言えば、障がい者や高年齢者の雇用や支援、さらには地域貢献に
無関心な企業、こうした正しいことに大した努力をしない企業も社会から
尊敬されることはありません。

　もちろん、激変時はともかく、平時においても赤字を垂れ流す企業も当
然尊敬されることはありません。

　社会から尊敬される企業がわが国の多数派になれば、私たちのこの国は
再び世界から尊敬される社会になると思います。

CHAPTER 2

6 トリプルボトムラインとは何か

「環境」「社会」「経済」のバランスを取る

　「トリプルボトムライン（Triple Bottom Line）」とは、企業経営を行う際に、環境的側面（原材料、エネルギー、水、生物多様性、温室効果ガスなど）、社会的側面（人権、労働慣行とディーセントワーク、地域コミュニティー、製品の安全性、社会貢献活動など）、そして経済的側面（自社の財務状況、自社が影響を与えるステークホルダーの経済状況や、自社が拠点を設ける地域、国、グローバルレベルの経済システムに対して組織が与える影響など）にも配慮したバランスの良い経営を行うことを意味しています。

　1994年に、英国サステナビリティ社創業者のジョン・エルキントン氏が提唱したコンセプトですが、グローバル社会に瞬く間に浸透し、今ではビジネス用語の1つとして広く認識されています。別の言葉では、3Ps（People, Planet and Profit：社会・環境・経済）といった表現もあります。

　トリプルボトムラインの言葉の由来は会計用語から来ています。財務諸表の損益計算書の一番下の行（ライン）、すなわち最終的な損益を表す言葉を英語ではボトムラインといいます。

　通常は会社の稼いだ収益（あるいは損失）のことのみを指しているのですが、財務面のボトムライン同様に企業に最終責任が求められつつある環境や社会といった要素を加えて、「三重の決算」、すなわちトリプルボトムラインという言葉になりました。

　企業が、優れたコーポレートシチズン（企業市民）として認められるためには、トリプルボトムラインすべてに対する影響をマネジメントし、プラスの影響をもたらすことが期待されています。今やトリプルボトムラインは、企業がCSR経営を行う際の基本的な要素として考えられるよ

うになっています。

NGOや政府機関も取り入れる

今、世界の大手企業の95%近くがCSR／サステナビリティ報告書を作成していますが、その実質的な国際基準であるGRI（グローバル・レポーティング・イニシアティブ）においても、トリプルボトムラインが項目別のスタンダードの骨格として採用されています。

このことが何を意味するのかというと、企業活動のプロセスや成果がCSR報告書に掲載されるわけですから、企業活動自体においてもトリプルボトムラインを考慮した取り組みが求められることになります。企業ランキングや株価指数、ESG投資の評価軸においても、トリプルボトムラインの切り口を使っているケースが少なくありません。

一方、企業でもトリプルボトムラインという言葉を直接使わないまでも、環境・社会・経済の軸によりCSRビジョンや目標を策定している場合が多々あります。さらには、NGOや国連・政府機関にも広く認識されたコンセプトとなっています。

6つの資本を活用して企業価値創造を

トリプルボトムラインの提唱者であるエルキントン氏自身も言っていますが、企業のCSRの取り組みが発展するにつれ、従来は環境・社会・経済と独立した3つの軸であったものを、お互いの相互作用を考慮した、より統合した活動にしていくべきではないかという考え方が急速に広がっています。

国際統合報告評議会（IIRC）の発行する統合報告のフレームワークでは、財務資本、製造資本、知的資本、人的資本、社会・関係資本、自然資本という6つの資本を用い、ビジネスモデルを通して企業の価値創造を行っていくことを想定しています。この発想の中には、トリプルボトムラインの要素が含まれていますが、別個に取り組むのではなく、これらの資本を融合してマネジメントしていくという考え方が基本となっています。

（本木 啓生）

CHAPTER 2

7 社会課題とSDGs

1990年ごろから気候変動をはじめとする環境問題や、紛争、テロ、格差拡大などの地球規模の課題が深刻化しています。急速にグローバル化が進むなかで、環境破壊や児童労働、低賃金労働に代表される労働人権問題など、企業活動がその主な要因とされる問題も開発途上国を中心に露呈してきました。

このような問題が人類の持続可能性を脅かす共通課題と認識されると、企業には自社やサプライチェーンにおける社会や環境への悪影響軽減とともに、企業の持つ技術力、製品やサービス、ビジネスモデルなどを活用し、地球規模の社会課題解決に貢献することがますます求められるようになりました。こうして社会的責任やサステナビリティ（持続可能性）は、企業経営にとって重要なテーマになりました。

地球規模の社会課題とは

2015年9月、国連総会にて「我々の世界を変革する: 持続可能な開発のための 2030 アジェンダ」が採択されました。その中心は、17の目標と169のターゲットからなるSDGsです。また同年12月に、パリで開催された気候変動枠組条約第21回締約国会議（COP21）で、2020年以降の温暖化対策の国際枠組み「パリ協定」に正式に合意しました。

SDGsの17の目標

1　貧困の終焉
2　飢餓の終焉、食料安全保障
3　健康・福祉の促進
4　質の高い教育の確保、生涯学習の機会の促進
5　ジェンダー平等の達成、女性の能力強化
6　水・衛生の利用可能性と持続可能な管理の確保
7　持続可能なエネルギーへのアクセス

CHAPTER 2 **社会の中での企業の役割**

8 包摂的で持続可能な経済成長、完全で生産的な雇用

9 強靭なインフラ、工業化・イノベーション

10 国内と国家間の不平等是正

11 持続可能な都市と人間居住の実現

12 持続可能な生産消費形態の確保

13 気候変動への対処

14 海洋と海洋資源の保全・持続可能な利用

15 陸域生態系、森林管理、砂漠化への対処、生物多様性

16 司法へのアクセスの提供、平和で包摂的な制度の構築

17 実施手段の強化と持続可能な開発のためのグローバル・パートナーシップの活性化

国内の社会課題とは

SDGsは各国政府が国家目標を定め、国家戦略などに反映していくことを想定しており、日本も例外ではありません。実際、日本が抱える課題とSDGsが掲げる地球規模の課題には多くの「重なり」があります。高頻発かつ規模拡大する自然災害とその多大な影響、所得格差の悪化、子どもの貧困、雇用問題、耕作断念地の広がり、ジェンダー平等、食品ロス、海洋プラスチックゴミの問題など、枚挙にいとまがありません。高齢化は急速に進み、社会福祉の課題なども深刻になっています。

課題先進国と呼ばれることも多い日本ですが、同時に早くに課題に向き合い、その解決方法を見出し、取り組みを進めることで、他の地域への大きな貢献につながるでしょう。

社会課題の解決に向けて

企業が取り組むべき社会課題の特定には、自社の事業、強みとの関連性だけでなく、事業を行う地域の課題やバリューチェーンにおけるリスクなどを考慮することも必要になります。課題の特定にあたっては、ステークホルダーとの対話も重要になるでしょう。特定した社会課題には、関連する政府、NPO、地域社会やその他のステークホルダーと協力、連携しながら取り組むことが推奨されます。　　　　　　（黒田 かをり）

49

COLUMN*3

法とCSR

松本 恒雄

　企業の社会的責任（CSR）とは何かという議論において、以前は、「企業の法的義務とはされていないこと」という見解もありました。例えば地域への寄付や文化振興、スポーツ振興などの社会貢献に取り組むことが社会的責任であって、法令順守という意味でのコンプライアンスとは別物だというわけです。「社会的責任」という言葉を「法的責任」と対比させて理解していたのです。

　しかし、ISO26000は「社会的責任」を次のように定義しています。

「組織の決定及び活動が社会及び環境に及ぼす影響に対して、次のような透明かつ倫理的な行動を通じて組織が担う責任」

- 健康及び社会の繁栄を含む持続可能な発展に貢献する
- ステークホルダーの期待に配慮する
- 関連法令を順守し、国際行動規範と整合している
- その組織全体に統合され、その組織の関係の中で実践される

　求められる行動の3点目「関連法令を順守し」は、明らかに法令順守を意味しており、コンプライアンスはCSRの基本の1つとされています。

コンプライアンスとは「応えること」

　そもそもコンプライアンスという英語の語義は、「（何かの）要望に応えること」ですが、ここでいう「何か」に入るも

のとして、以下の３つが考えられます。

　第１には、法律の要求に応じることで、これが最狭義のコンプライアンス、すなわち法令順守です。第２には、もう少し広げて、企業の倫理や社会の倫理に応えることも含まれます。第３には、特別に法律が義務付けているわけではなく、また、倫理的に問題があるわけではないけれども、企業が自らがやると決めて対外的に宣言したことを実行することも入ってきます。広義のコンプライアンスです。

　また、コンプライアンスを考える場合に、「（誰の）要望に応えること」かという観点も重要です。個別の法律、例えば、消費者法は消費者ステークホルダーの、労働法は労働者ステークホルダーの、会社法は株主ステークホルダーの、金融商品取引法は投資家ステークホルダーの、環境法は地域住民ステークホルダーのそれぞれの要望のうちの最低限を法律が義務付けたものと整理することができます。

　上記の社会的責任の定義においても、「ステークホルダーの期待に配慮する」が挙げられています。CSRの観点から法令順守に取り組むということは、なぜそのような法律ができたのか、ステークホルダーの要望全体のうち法律はどの部分を義務付けているのか、わが社はどこまで応えることができるのかなどを考えながら、企業活動を行っていくことです。

　ある法律がなぜそのようなことを求めているのかという背景事情まで理解していないと、脱法行為に走るか、あるいは、コンプライアンスが業績不振の原因だという短絡的な議論に陥りがちになります。

　今まで行われてきた法令順守の取り組みを、ステークホルダーの信頼を勝ち取るにはどのようにすべきかというベストプラクティスの観点から見直すことが必要です。

CHAPTER 2

8 企業の社会貢献と寄付

企業の社会貢献の変遷

　1990年のフィランソロピー元年からおよそ30年になります。行政依存から脱却して、民間が果たす公益、特に企業への期待がますます大きくなってきました。「寄付だけでなくボランティアも」、「陰徳ではなく積極的開示へ」、「対応型から提案型へ」、「善行から戦略へ」と変遷し、概念も90年代の企業市民（Corporate Citizenship）・啓蒙された自己利益（Enlightened Self Interest）からCSR／CSVへと、より本業と関連付けてとらえ、戦略的に考えることが求められてきています。

ステークホルダーの参画を推進する企業の寄付動向

　少子高齢化が進み、公益のための資金を税金に頼って済む時代はとうに過ぎ去りました。そうした中、民間として公益を担うNPOは5万団体を超える数になったものの、その財政基盤は脆弱なところが多い状況です。従って、個人寄付の拡充は、健全な社会創出のために不可欠となりました。そこで、企業においてもステークホルダー参画型の寄付プログラムも増え始めています。東日本大震災を契機に、個人寄付の機運が盛り上がったことも背景にあります。一例をご紹介します。

JCB 『「5」のつく日。JCBで復興支援』

　対象期間中、顧客が5のつく日にJCBカードを1回利用するごとに1円がJCBから被災地に寄付されます。

ファンケル　顧客のポイントを寄付に

　1ポイント1円に換算し、500ポイントを単位に寄付に回すことができます。寄付先は、重度心身障害児・者施設・団体などに特化しています。

社会課題の解決に資する寄付の意義

　昨今、社員のボランティア参加を推進する企業が増えています。東日本大震災支援で被災地に派遣する企業が多かったのですが、それを日常レ

CHAPTER 2 社会の中での企業の役割

ベルで進めよう、という狙いです。実際、新入社員研修としてボランティアをプログラムに取り入れている企業もあります。それは、①社会のニーズを知り、イノベーティブな発想力を高める、②人間としての感性を磨く③チームワーク力を高める、④若者の共感を得るなどの効果がある、と考えられているからです。そこで、寄付に関しても、ボランティア先に寄付をする、とか、寄付先にボランティアとして参加する、というように、支援先とのより密接な関係を作り、NPO・企業双方にとって、よりインパクトのある成果を出すことを目指しています。

今後の社会貢献の新たな動き

CSR報告書と年次報告書を統合した統合報告書を作成する動きが出てきています。

これにより、経営理念の下、財務・非財務報告共に考える中で、企業の新たな価値創造への方向性を示すことになります。その結果、本業において社会課題解決の観点をより明確に入れ、また社会貢献活動も、社内外の理解を得、ステークホルダーの参画も視野に入れ、企業の存在価値をより高めるものにしていかなければなりません。また、株主に関してもESG投資に関心が高まり、企業としては、SDGsへの取り組みへの追い風になっています。株主をはじめ、ステークホルダーとのパートナーシップをよりいっそう深める形で、経営方針に則った、戦略的な社会貢献の在り方を考える時代に入ってきました。

さらに、少子高齢化、世界的な規模での環境劣化など、社会の課題はますます深刻化、複雑化しています。持続可能な社会への道筋をつけるためには、民間の公益、特に企業の果たす役割は大きいです。しかしながら、一企業だけでなしえることには限界があります。他企業・NPO・行政・教育・医学などの専門集団、そして市民を巻き込む形でのコレクティブ・フィランソロピーが不可欠です。その中核に企業がなり、その上での公正な競争がよりよい社会づくりにつながる、という方向へ進む覚悟ある取り組みが求められています。

（髙橋 陽子）

CHAPTER 2

9 企業と人権

人権とは

　人権はこの世の全ての人々が生まれながらにして平等に占有し、他に譲ることができないものです。人間らしく尊厳を持って生きる権利は、どんな理由があっても侵害してはならず、侵害されれば防御すべきものです。1948年にこの思想に立脚した世界人権宣言が採択され、2018年に70周年を迎えました。この間に国際人権基準は進捗し、一定の成果を上げてきました。人種差別撤廃条約、国際人権規約（社会権規約・自由権規約）、女子差別撤廃条約、拷問等禁止条約、児童の権利条約、障害者権利条約などが制定されたのです。これらの条約を日本は批准・加入して、順守を国際的に約束している事実をまず認識しておきましょう。とはいえ、人類には、貧困、難民・移民、環境破壊をはじめとする人権課題が多々残されているので、今後も努力を続けなければなりません。

企業に求める人権尊重の責務

　企業にも人権尊重を要請する声が強まっています。1998年にはILO中核的労働基準が採択され、結社の自由及び団体交渉権、強制労働や児童労働の廃止、雇用及び職業における差別の排除が約束事になりました。

　2000年には国連グローバル・コンパクトが発足し、企業に人権、労働、環境、腐敗に関する10原則の順守を求めたのです。今では160カ国以上の13000を超える企業・団体（日本の290を含む）が支持を表明しています。

　2008年には国連「保護、尊重及び救済枠組み」が採択されました。政府には国民を第三者による人権侵害から保護する義務、企業には企業行動のあらゆる局面ですべての人の人権を尊重する責任、容易にアクセスできる救済手段の確立、の3つを求めています。

　2011年にはこの枠組みを実施するための具体的な指針として国連「ビジネスと人権に関する指導原則」が策定されました。企業には人権尊重

の方針と態勢を整え、人権絡みのデューデリジェンスの実施を要請しています。「指導原則」は、OECD多国籍企業行動指針、ISO26000（社会的責任に関する手引き）、GRIなどの人権部分の記述強化に影響を及ぼしました。2014年からは、各国政府が「指導原則」の国別行動計画化に取り組み、すでに22カ国が策定しています。

　2015年には、人権尊重を基礎にして「地球上の誰も取り残されない社会の実現」を目指したSDGsが国連サミットで採択されました。途上国も先進国も、2030年までに17の目標と169のターゲットの達成に努めていきます。

我が国の喫緊の人権課題

　日本では「指導原則」の国別行動計画策定が待たれます。SDGsも着実に進めて、その過程で人権尊重意識を徹底することが求められます。東京オリンピック・パラリンピックは「指導原則」とSDGsを意識することが課題です。

　弱い立場に置かれてきた人たちに対する法的支援も進められています。男女雇用機会均等法をはじめとして、女性活躍推進法、改正障害者雇用促進法、技能実習適正化法などが施行され、外国人受け入れに関する出入国管理法改正も日程にあります。

　しかし現実面では女性、障がい者、高齢者、外国人、消費者やバリューチェーンにおける差別・人権侵害が実在し、克服すべき課題になっています。その過程で注意すべきは、「無意識の偏見」です。誤った直感を排し、属人的要素や考え方の相違を冷静に受け入れるダイバーシティとインクルージョンが望まれます。

　職場では、同一労働同一賃金、残業規制、高度プロフェッショナル制度、正規・非正規、生産性向上、テレワーク、副業・兼業などの問題に直面しています。働き方改革関連法の成立を正しく受け止めて、慢性的な人手不足の環境にあっても、働く人の人権を尊重した人間らしい暮らし方、自分らしい生き方を世界レベルで構築する機会にしたいものです。

（菱山　隆二）

CHAPTER 3

社会や地域と共に働くということ

CHAPTER 3

1 「社会とつながる働き方」とは何か

　日本では、企業や組織に忠誠を誓うことで終身雇用が約束された時代もありましたが、このような働き方のモデルはすでに崩壊し、新しい働き方へのシフトが始まっています。2018年6月に可決された「働き方改革を推進するための関係法律の整備に関する法律案」、いわゆる「働き方改革関連法案」も、それを象徴する動きの一つと言えます。

社会とつながる社員の価値

　2017年に民間調査機関が行った調査によれば、23％の企業が社員の副業をすでに認めており、その数は増え続けています。公務員でも副業が可能になりました。背景には、長らく続いてきた既存のビジネスモデルが通用しない事業領域が増え、事業の多様化や新規事業の開発を急務とする企業が増えていることが挙げられます。

　これらを実践していくためには、時代のニーズをいち早く感じ取り、自社の持つリソースと照らし合わせながら新事業として立ち上げることのできる社員が必要となります。この組織側のニーズに応えることができるのが、社会とつながる働き方ができる社員です。

　長年続けてきているビジネスモデルを上からの指示を受けながらこなしていく社員であれば、社会とのつながりや個性、多様性などは不要でした。しかし、労働人口の減少が続き、人的リソースの確保が難しくなるなど、日本社会全体が大きなパラダイムシフトにあり、さらにAIを含めた新しいテクノロジーの急激な進化が人間の仕事を代替するような変化の時代には、従来の働き方では成果が出せないのです。

　企業は、社員一人ひとりが個々に持っているスキルを副業という形で社会に解放することで、全く別の領域とのネットワークを構築したり、これまでにない発想を社内に持ち込んでくれたりすることを期待しています。これまでとは異なるステークホルダーと新しい事業をつくり出せる

CHAPTER 3 社会や地域と共に働くということ

「社内起業家」のような社員を社内に増やすことができるからです。このような社員の存在は、変革を求められる組織内においてイノベーション（革新）の中心となるだけでなく、組織を活性化させる起爆剤となります。

また、このような社員に自分がなることは社員自身にとっても良い面があります。それは、組織に依存せず、自分の人生の選択と多様な可能性を模索できるという点です。人生100年時代にあっては、70歳まで働いて退職してもさらに30年先を考えなければなりません。これは組織依存の人にとってはとても不安なことです。しかし、自分の持っているスキルを使って収入を得るという経験を働き盛りのうちからしておくことで、「組織に依存せずに生きていく力」を身に付けることができます。

「多様性×多面性」が価値をつくる

また、今後さらに拡がる働き方として、一つの組織に所属せず複数の仕事を掛け持ちするというスタイルや、東京で仕事をしているのに実際に住んで働いている場所は地域であるなど、複数に拠点を持って働くというようなことが当たり前になっていきます。ITの進化は、物理的に人と人が同じ場にいなくとも多くの情報を共有することを可能にしました。日本の場合、大都市圏に人が集中しなくとも仕事ができるインフラはすでに十分整っています。

一人ひとりが住む地域が異なり、いくつかの仕事を持ちながらも情報部分ではつながっているという状態は、社会とのつながり方の多様性と接点の多面性が大きくなるということであり、社会とのつながりが大きな働き方です。

このような働き方は、個々のスキルを社会とシェアしている状態であり、相互に多くの気づきと刺激を与え、様々なネットワークが生まれていきます。この一部は「関係人口」とも呼ばれる新しい地域との関係性にも大きな影響を与えていくことになります。

今後、日本でもこのような新しい働き方による企業や人々の活躍によってこれまでにはない業態や事業領域、サービスなどが次々に生み出されていくでしょう。

（町井 則雄）

59

COLUMN*4

「会社人」から「社会人」へ

鷹野 秀征

よく「会社人間」という言葉を聞きます。

• 家庭を顧みない

• 会社の人としか付き合いがない

• 利益を優先するあまり「本心」を見失う

　人間の社会性を会社という組織の力が阻害し、企業の論理優先になってしまう現象です。

　しかし、企業は本来、社会に必要とされる物・サービスを提供するための組織ですから、社会性が失われた人ばかりになったら存在価値が低くなります。企業にCSRが求められ、軌道修正が進んできましたが、まだ「会社人間」が多いのが現実です。

　そこで、会社のために働く人を「会社人」、社会のために働く人を「社会人」と定義して、社会人への道筋を考えたいと思います。

　ここでの「働く」とは、お金を稼ぐ仕事だけでなく、社会活動や家事なども全て含めます。

　いわゆる「傍を楽にする」「人のために動く」という考え方です。

「会社人」から「社会人」になるための3×1の方法

＜3つの方法＞

1．会社の仕事で社会の役に立つ（仕事）

　　ⅰ）仕事の意味を社会的視点でとらえ直す

　　ⅱ）仕事のやり方を社会化（CSR化）する

　　ⅲ）社会にもっと役立つプロジェクトを起こす

2．社会的な事業に参加する（社会活動）

　　ⅰ）寄付やボランティアで参加する

ⅱ）NPO・社会起業家を支援する

ⅲ）消費行動でCSR企業を応援する

３．自らが社会起業家になる（仕事＝社会活動）

ⅰ）社内で社会的な事業を起こす

ⅱ）NPO・社会的企業に転職する

ⅲ）独立して社会起業家になる

＜そのベースとなる大事な１つ＞

０．身近な人たちを幸せにする（家庭・地域）

ⅰ）家族を喜ばせる

ⅱ）友人・恩人・後輩を喜ばせる

ⅲ）地域コミュニティーの人たちを喜ばせる

ⅳ）かかわる全ての人に笑顔と感謝で接し、できることで助け合う

　なかでも０番が最も大事です。

　人と人の関係で社会が成り立っていますので、この関係を良好にすることなしに、いい社会はあり得ないからです。

　だから「３つの方法」に掛け算で効いてきます。

　１番は、「会社を給料を稼ぐ所」だと思っている全ての人に実践してほしい。まずは自分が見方を変え、行動を変えれば、会社だって変わっていきます。

　２番は、企業に所属する全ての人に実践してほしい。「思いやり」を持てる素晴らしい経験になり、社会センスが身に付きます。

　社会課題に当事者としてかかわると、１番を実践する強いモチベーションになります。

　３番は、ハードルが高いですが、多くの人に目指してほしい。

　人生を懸けて社会のために役立とうという高い志と事業性の両立は、より「いい社会」を創っていく大きな力になります。

　３×１の実践は社会を良くし、自分の人生を最高のものにしてくれます。まずは身近でできることから「社会と自分にイイコト」やってみませんか。目指す姿は「社会の役に立つ仕事」を家族に自慢している自分です。

CHAPTER 3

2 NGO／NPOとは どんな存在か

　社会が多様化するとともに、われわれの生活環境が刻々と変わりつつあります。地域社会の変化は、例えば地方部では過疎化や少子高齢化、都市部では子育てや生活困窮者の問題を生み出しています。同時に地方部と都市部の格差はさらに広がり、様々な社会課題が深刻さを増し始めています。

　従来の画一的な施策だけでは解決できなくなっており、政府もその状況に対応すべく、地域の状況に合った施策が実施できるようにと、地方分権をはじめとする新たな施策を積極的に進めています。

　しかし、従来の取り組みをベースとした行政施策や企業のサービスだけでは対応しきれない課題も多く、新たな取り組みへの期待が高まっています。そのようななかで、市民が自発的に、自らの発意を基に解決のための取り組みを行う、NGO（非政府組織）やNPO（非営利組織）への期待はますます大きくなり始めています。

1998年の特定非営利活動促進法が契機に

　このような社会の変化に対応すべく、NPOに法人格を付与することにより社会的な位置付けを高めようと、1998年に特定非営利活動促進法（NPO法）が施行されました。2018年9月末現在、法人格を有する団体は5万1700を超えています。

　NPO法の施行当初は、法人格を付与することに重きが置かれたものでしたが、その後、団体の維持・継続を後押しするために、税制優遇制度である認定特定非営利活動法人制度（認定NPO法人制度）が2001年10月に創設されました（2018年9月末現在、1083法人）。

　その後、東日本大震災が起こった2011年には、NPO法の改正および認定NPO法人制度の認定要件の大幅緩和が行われ、NPOの活動を下支えする制度として、諸外国にも劣らないものとなりました。2008年から本

62

CHAPTER 3　社会や地域と共に働くということ

格的に実施された公益法人制度改革も相まって、市民の自発的で社会的な取り組みを後押しする制度が、日本社会に大きく広がりました。

行政では解決できない課題にNPOが挑戦

NPO法では、特定非営利活動の定義において活動分野などが限定されています。

その活動分野も、施行当初は「保健、医療又は福祉の増進を図る活動」「社会教育の推進を図る活動」「まちづくりの推進を図る活動」「子どもの健全育成を図る活動」などの12項目でしたが、幾度かの改正により、「経済活動の活性化を図る活動」や「農山漁村又は中山間地域の振興を図る活動」などが新たに加わり、現在は20項目に広がっています。

その活動の内容は、途上国など海外での取り組みもありますが、介護・子育て・教育など身近な市民生活での課題や不自由さ、あるいは過疎化・貧困・環境保全など地域社会の課題への取り組みといった、生活密着型の活動を行う団体の割合が高くなっています。

これは、従来型の社会の仕組みである「公助（行政サービス）」や「自助（当事者自らの力）」では解決できない課題に対して、市民自ら取り組む「共助（市民の助け合い）」の広がりと期待を示すもので、それを実証した例として東日本大震災におけるNPOの多様な取り組みが挙げられます。

他セクターとの連携が今後の課題

NPO法の施行から20年が経過した現在、NPOの活動分野は多岐にわたり、また具体的な取り組みもさらに多彩になり、NPOは、市民の行う自由な社会貢献活動として定着しつつあるといえます。

しかし、持続可能な社会づくりを進めていくためには、NPOだけが社会課題の解決に取り組むのではなく、NPOの特徴を生かして、行政や企業といった他セクター（分野）と連携していくことがさらに必要とされています。企業のSDGs（持続可能な開発目標）やCSR推進のパートナーとして、行政の施策実施の協力者として、NPOへの期待がさらに高まる社会になりつつあります。

（田尻 佳史）

CHAPTER 3

3 企業とNPOが 協働する意味とは

　最大利益を得ようと利潤を追求する企業と、営利を目的とせず自発的に社会や地域に役立つ活動を行うNPOは本来、相いれないものと思われてきました。しかし、企業、NPOそれぞれ単独では解決できない課題や、新たに提起される複雑な社会や地域の問題に対し、協働することによって、課題解決や社会の発展に寄与できることが分かってきました。

　協働は、それぞれの弱みをカバーし、互いの得意分野や専門性を持ち寄ることによって、単なる両者のプラス以上の相乗効果を発揮します。すでに、これまでに企業とNPOによる多くの協働事例が生まれており、優れた企業とNPOの協働を表彰する「日本パートナーシップ大賞」には、全国から約300の協働事例が寄せられました。

社会的存在としての価値が問われる時代に

　企業にとっては、これまでの会社の規模や売上高による評価から、社会的存在としての価値が問われる時代になりました。社会問題に向き合うNPOと協働することによって、「良い企業とは何か」という根源的な問いへのヒントがそこに見つかります。

　また、株主や顧客とともにステークホルダーの一員である従業員にとって、その企業で働いていることに誇りが持てるかどうか、あるいは地域の人にとって、その企業の存在を誇らしく思えるかどうかなどまさにCSRを推進していく上での大きな柱ともいえます。一方、NPOにとっては、企業と協働することによって、一回り大きな活動ができたり、社会的な認知や寄与にもつながったりします。逆に、企業と協働するためには、協働できる自立した組織であることが求められることから、組織の見直しや改善を図るチャンスにもなります。

協働で何が得られるか

　では、実際に協働した場合、何が得られるのでしょうか。

64

CHAPTER 3　社会や地域と共に働くということ

　企業にとっては、協働の内容によっては①本業への貢献になることもあれば、②CSR推進の大きな柱になることもあります。もちろん③企業のイメージアップや④人脈・ネットワークも広がります。さらに重要なのは⑤従業員の能力開発に役に立つという実感を持つ企業が増えていることです。

　一方、NPOにとっては、①ミッション実現に向けて活動や事業が拡大したり、②経済的な基盤が得られるようになることも多く、③企業人とのネットワークやマネジメント手法を獲得し、④社会的信用や知名度をアップさせるチャンスにもなっています。さらに、協働によって双方がさまざまな意味での成長を実感できるというのも大きな特徴です。

　当事者ばかりでなく、地域や社会にとっても、①問題の解決という大きな目的ばかりでなく、②意識の変化や③地域の活性化などの副産物も生まれます。

協働のパターンと社会への影響

　協働にはいくつかのパターンがあります。単に資金や労力を提供する「チャリティ型」の協働（Winの関係）から、当事者同士がメリットを感じる「トランザクション型」の協働（Win-Winの関係）、当事者だけでなくさらに地域や社会にもメリットが生まれる「インテグレーション型」（Win-Win-Winの関係）の大きく３つに分けることができます。

　このほか、①企業主導型かNPO主導型、②行政の仲介、中間支援NPOや経済団体によるコーディネートなど両者の間に第３者が入るパターン、③１対１の協働か、１対複数、複数対複数など協働相手によるパターン、④大手企業と大手NPOから中小・零細企業と法人格も持たないNPOに至るまで、規模によるパターン、⑤ビジネスとして成立している協働から、ボランティアによる社会貢献まで、協働事業の内容をさまざまな観点から見ていくことも可能です。

　さらに企業とNPOの枠を超えて、行政、経済団体、労働組合など、多様な主体による幅広い協働が展開されています。

（岸田　眞代）

CHAPTER 3

4 ワーク・ライフ・バランスとは何か

WLBとは

ワーク・ライフ・バランス（WLB）は、「男性は仕事、女性は家庭」という固定的な性別役割分担意識にとらわれず、男性も女性も個人がそれぞれの能力を発揮して責任を分担して生き生きと暮らしていこう、仕事と育児・介護、地域や趣味といった仕事以外の活動を自分なりに両立させて楽しみながら生活できるようにしよう、という考え方です。「仕事と生活の調和」ともいいます。

仕事と家庭の両立の困難さ

WLB、特に仕事と家庭との両立は、多くの女性にとって大きな悩みの種です。内閣府の「男女共同参画白書」によると、出産を機に離職する女性は約5割です。民間企業に勤める女性の育児休業取得率は81.8％ですが、男性では3.2％です（2016年度）。介護・看護を理由に離職した女性は7万人ですが、近年では男性の離職者が増える傾向にあり3万人でした（2017年）。これは、男性も女性も、仕事と家庭生活を両立させたいと思っても、希望と現実との間には大きなギャップがあることを示しています。

企業の取り組みの発展と課題

企業は、主に女性の社員向けに、子育て支援制度を整備・充実させてきました。「次世代育成支援対策推進法」が制定された2003年以降は、男性の社員の育児休業取得にも熱心に取り組むようになりました。

同法に基づく行動計画に定めた目標を達成するなどの一定の要件を満たした場合、企業は、申請により「子育てサポート企業」として厚生労働大臣の認定（くるみんマーク）を受けることができます。

しかし、制度はあっても、妊娠・出産した女性が社内で嫌がらせを受けたり（マタニティー・ハラスメント）、育児休業から復職した社員は責任のある仕事が与えられなかったりして、WLBを実行した社員は男女

CHAPTER 3 社会や地域と共に働くということ

ともに不利に扱われることが多く、利用しにくいことが課題です。

本来、WLBの推進は、社員にも企業にもメリットがあります。企業はWLBを推進することにより、子育てや介護、障がい、病気などを理由に労働時間に制約はあるけれども優秀な人材がいれば、退職させずに働き続けてもらうことができます。

法的な制度の進展

自治体は長年、子育てや介護を支援する仕組みを整えて、働く女性を支援してきました。他方、政府は、1990年の「1.57ショック」(出生率の低下)を契機に、子どもを産み育てやすい環境づくりに向けて検討を始めました。

1992年に育児休業法が施行され、1995年に介護休業が法制化されて育児・介護休業法となるなど、様々な法制度が整備されました。同法は数年ごとに改正され、法制度が拡充されています。

さらに2016年に施行された女性活躍推進法に基づき、従業員301人以上の企業は、WLBなど①自社の女性の活躍に関する状況把握・課題分析、②その課題を解決するのにふさわしい数値目標と取り組みを盛り込んだ行動計画の策定・届出・周知・公表、③自社の女性の活躍に関する情報の公表が義務付けられました(従業員300人以下の企業は任意)。2018年11月現在、1万社以上の企業が、厚生労働省が運営するデータベースに登録して情報を公表しています。これらのデータは、就職先の選択や、投資やCSR調達、公共調達の評価指標などにも広く活用されています。

今後ますます、育児・介護休業制度の整備、フレキシブルな働き方の提供、有給休暇の取得促進など、具体的な両立支援策を整備してそれらを利用しやすい企業文化を育てることが重要です。他方、社員には、残業をなくし、限られた勤務時間内で生産性の高い仕事を行うことが求められます。

WLBは、女性も男性も社会のあらゆる場面で活躍するために必要な取り組みです。SDGsの目標5や国連グローバル・コンパクト事務所とUN Womenが2010年に作成した「国連女性のエンパワーメント原則」においてもWLBは重視されています。企業には工夫の余地が多くあります。

(大西 祥世)

CHAPTER 3

5 ダイバーシティ＆インクルージョンとは何か

私たちが生きている社会・世界を正しく理解しよう

　地球上には700〜800の種族が住んでいます。どの種族もそれぞれに異なった歴史の中で、自分たちの文化、生活習慣、崇拝する宗教、価値観、思想、言語などを持って生きています。また、世界には約200の国が存在します。様々な人種で構成されている国、異なった政治、経済体制の中で運営されているなど、1つとして同じ国はありません。さらに、私たちが生きている社会の中でも、性別の違いはもとより、国籍、出身地、年齢、健常者・非健常者、LGBT、価値観、信条、さらに性格、特技、能力など、異なった背景を持つ人たちによって構成されています。多様な背景を持って人々は生きている、その多様性をダイバーシティ（Diversity）といいます。

　21世紀に入り、全世界でIT化が進み、国の在り方、組織の在り方が変わっていきました。上下の序列に縛られたヒエラルキー型の組織から、水平的な機動性を重んじる透明性の高い組織へと変わっていき、国も企業も国境を越えてボーダーレス化しました。様々な人種の人々が同じ職場で働く多国籍企業も増え、働く人々も上からの命令に従うだけではなく、男組織に任せるのではなく、仕事に対して創造的なアプローチをし、スピーディーに問題解決をし、自律的に任務を達成することが、どの組織でも求められるようになりました。もはや、この社会の多様性を理解・認識せずに、国も、企業も、社会も進展していくことは不可能な時代になっています。

どこのどの国でも、自国だけでは成り立っていかない

　天然資源に乏しい、自給自足ができない日本は、アジアをはじめ世界の国々との友好関係の維持なくしては、1日も生きていくことはできないという厳しい現実（運命）にあるということをしっかり認識しておかねばならないのではないでしょうか。そのうえで、世界から、アジアの諸国から、日本が求められ、尊敬され、期待される国（願わくばリーダー国）

CHAPTER 3　社会や地域と共に働くということ

として生きていくためには、従来にも増してダイバーシティ社会を意識・理解・認識した生き方が求められています。

健全な社会を維持していくためには

　21世紀において、存在価値ある日本、日本人としてどのように生きていったらいいか、ダイバーシティ社会を意識・理解、認識し、受け入れ、そのうえで共に存在していくこと、これがインクルージョン（Inclusion）です。具体的には、下記に大別されます。

①性別：女性の大学進学率は世界の中で上位ですが、日本社会では、受けた教育を生涯を通して社会にお返しするという常識が欠けています。このため、各界における政策決定の場への女性の参画率が世界最低（114位／144カ国、「2017年版世界男女格差報告」）という現状に対して、世界のひんしゅくを買っているだけではなく日本社会の活性化を阻む結果にもなっています。このいびつな社会の正常化が必要です。

②年齢：65歳以上の高齢者を一律に福祉行政で対応するのではなく、健康で能力があり、エネルギッシュでやる気のある高齢者が生かされ、必要不可欠な存在として期待される健全な社会が望ましいです。

③障がい者：健常者と対等な生活環境、社会環境、就労環境を醸成することに、努めていかねばなりません。

④人口の7.6％のLGBTもそれぞれ持つ能力を発揮しながら、生き生きと生きていける社会に（電通「LGBT調査2015」）。

⑤外国籍・人種：違いを理解し、認め、受り入れ、共存していくために、全ての日本人が、自分の言葉でコミュニケーションができるよう語学力を身に付けて、積極的にアプローチができて初めて、インクルージョンが可能になります。同時に、様々な背景を持つ外国人が、日本社会を訪問したときや、日本社会で生活をするときに、快適な生活を送るためには、日本社会の表示の英語化の徹底が必要です。

　国際社会の中で、組織の中で、また、社会の中で人々が、共に持てるものを発揮し合い、健全な生き方を維持していくうえでも、ダイバーシティとインクルージョンは大切です。

　　　　　　　　　　　　　　　　　　　　　　（木全 ミツ）

COLUMN*5

「プロボノ」とは何か

嵯峨 生馬

「プロボノ」とは、ラテン語のPro Bono Publico（公共善のために）を語源とすることばで、ビジネスで培った経験やスキルを生かして取り組む社会貢献活動のことをいいます。

弁護士が社会的弱者の法律相談に乗ったり、医師が海外の医療支援にボランティアで参加したり、企業で経営戦略、マーケティング、IT、営業、人事、経理等の各部門で活躍するビジネスパーソンがNPOの事業計画立案や情報発信ツールの制作を支援するなど、プロボノにはさまざまな形があります。

日本では、2010年が「プロボノ元年」と呼ばれ、以来、プロボノに対する認知や関心が高まり、参加者も広がりを見せています。そして、企業のCSR活動の一環としてもプロボノに対する注目が高まっています。

企業のCSR活動においてプロボノを捉える視点としては、主に3つの視点があると考えられます。

①社会貢献プログラムのステージアップ

第1に、企業のCSR・社会貢献活動が成熟するにつれて、その内容を発展させる方策としてプロボノの活用が考えられます。これまでは一般的なボランティア活動や助成金によって支援してきたNPOを、プロボノで支援することにより、支援先のより深いニーズに応え、質の高いCSR活動の実現につながります。

②本業との親和性を生かした社会貢献

CSR・社会貢献活動が広がるにつれ、各企業の取り組みがいかに本業と結び付いた、企業らしさを生かした活動かが問われるようになります。そうしたなか、社員が培ったビジネスの経験やスキルを提供するプロボノは、企業らしさを生かした、本業との親和性の高い取り組みであると考えられます。

③将来に向けたイノベーション機会創出

企業の経営トップ自ら「社会課題解決」を自社のミッションとして掲げる声がしばしば聞かれるようになる中、CSR活動を単なる支援に終わらせず、中長期的な事業機会を発見する取り組みとして位置付ける企業も現れています。こうした企業においては、社員がプロボノに参加することは、社会の課題やニーズに直接触れ、現場を目の前に課題解決力を磨き、将来的なイノベーションのきっかけを手に入れるチャンスと捉えています。

こうしたCSRの側面に加えて、最近では、人材育成の観点からもプロボノに対する関心が寄せられています。筆者の運営するNPO法人サービスグラントでは、異業種企業の社員が参加して実際のNPOを前に課題解決に取り組み、具体的な成果物を提供するという研修型のプロボノプログラムを実施しています。これまでに大企業を中心に20社120人以上が参加し、参加前後で社会課題への関心や異業種企業との協働への自信、自身の職場における新たなチャレンジへの意欲が確実に高まるといった成果が出ています。

このように、社会課題の解決に取り組むNPOを支援しながら、CSRや人材育成などの面で、企業にとっても効果が期待できるプロボノは、今後も、企業と社会をつなぐキーワードとして、さまざまな可能性が考えられます。

CHAPTER 3

6 消費者に求められている消費行動とは

持続可能な社会の実現と消費行動

　ノーベル平和賞を受賞した環境保護活動家の故ワンガリ・マータイ氏は、次のように述べています。

　「武器ではなく、持続可能なことに投資していかなければならない。普段の消費、生活パターンを見つめ直し、投資は『平和』に対して行う。今、私たちのライフスタイルを変える努力をしなければ、資源の争いから対立が生まれる。対立や戦争を未然に防ぎ、世界を平和に保つただ一つの方法として、環境をはぐくみ、資源を責任ある方法で持続可能に管理していくことが求められている」

　持続可能な社会とは、環境保護や物的・人的資源の有効活用と同時に、平和で争いのない世界という意味も含まれています。こうした社会に向け、事業者や行政の働きとともに、個人の消費行動が鍵を握ります。

　日本のGDP（国内総生産）の約6割は個人消費であり、消費者が社会や経済に与える影響は大きいものです。故コフィー・アナン元国連事務総長も、一人ひとりの消費行動が世界を変える力があるということを述べています。

　私たちの生活は消費行動によって営まれ、自分のライフスタイルを決めるとともに、国内外の生産者や販売者など、様々な人や社会に影響を及ぼします。また、情報化社会の広がりにより、消費はより多様化しており、自覚ある消費行動、主体的な意思決定がさらに求められています。

消費者の権利と責任とは何か

　個人の消費者は事業者などと比較し、一般に資力や情報収集力で劣る弱者であるため、消費者問題が大きな社会問題となった1950年代から消費者運動が広まり、消費者保護の法律の整備が進められました。

　1962年、ケネディ米大統領（当時）は「消費者の4つの権利」を提唱し、消費者保護政策の基礎となりました。後に、1975年にフォード米大統領（当時）

CHAPTER 3　社会や地域と共に働くということ

が「消費者教育を受ける権利」を追加し、1982年には国際消費者機構（CI）が、「消費者の8つの権利」を提唱しました。同時にCIは、「消費者の5つの責任」を示し、消費者には権利だけではなく責任もあることを示しました。

　日本では1968年に消費者保護基本法が制定されて消費者の救済が始まり、2004年には消費者基本法に改正されました。消費者基本法では消費者の権利の尊重とともに消費者の自立支援が基本理念とされています。これからの消費者は、保護されるだけの弱者ではなく、自立を促され、自らの消費行動に責任を持って行動することに重点が置かれています。

社会的な消費観を持った消費行動

　しかしながら、日本社会においては消費者の権利や責任への意識の醸成はまだ途上です。そこで2012年には消費者教育推進法が制定されました。これは、消費者教育の推進を行政の義務と定め、持続可能な社会である「消費者市民社会」の実現を理念として掲げています。従来の消費者教育は、悪質商法などからの消費者の保護といった個人的な領域にとどまりがちでした。今後は消費者が高度に自立して、自発的に社会に働き掛ける、社会的な消費観のための教育が必要です。

　具体的に求められる消費行動としては、より安全で質の高い商品の提供者を応援していくこと、行政や事業者に苦情や意見を伝えること、環境配慮や社会的弱者支援などの次世代や他者への倫理的な視点（エシカルマインド）を持つことが挙げられます。地方行政もエシカル消費を推進しており、2018年に徳島県ではエシカル消費条例が定められました。

　既存の選択肢が不十分な際に、自ら新たな選択肢をつくり出す「環境醸成型意思決定」もこれからの自立した消費者に叶ったものといえます。

　一般に10代の社会的な消費観は乏しく、一方で柔軟な若者への教育効果は大きいことが特徴です。家庭科の教科書にはエシカル消費が記載されており、必修として学ぶ家庭科の高校までの学校教育において消費者教育を行うことは、次世代の消費行動へ大きな影響を与えるでしょう。持続可能な社会を構築する消費者の育成機会の拡充が望まれています。

（葭内 ありさ）

CHAPTER 4

必須キーワード

4 1 グローバルな 気候変動交渉の動き

気候変動枠組条約と京都議定書

　化石燃料の燃焼によるCO_2などの温室効果ガスの大気中濃度が高まった結果、地球温暖化・気候変動が生態系や人類の経済活動・生活を脅かすことが懸念され、すでに影響が出始めていることが指摘されています。

　これに対応するため、大気中の温室効果ガス濃度の安定化を究極目標とする「気候変動枠組条約」が1992年に策定されました。その後1997年に京都で第3回気候変動枠組条約締約国会議（COP3）が開催され、京都議定書が策定されました。

　これにより、2008年から2012年の第一約束期間に1990年比で日本－6％、米国－7％、欧州－8％といった先進国の数値目標が定まりました。ただし、米国が批准せず、また新興国・途上国が削減義務を持たないなどの問題もあり、世界の温室効果ガス排出量は増大し続けました。

2013年以降の取り組みとパリ協定の採択

　各国経済への影響が大きいため、温室効果ガス排出削減（気候変動緩和策）の国際交渉は国益が対立し、なかなかうまくいっていません。削減が進まないなか、自然・社会システムの調節で気候変動の被害を防止・軽減する適応策に加え、緩和策・適応策でも抑えられない気候変動による損失と被害への対応策に関する認識が高まっています。2013年のCOP19では、損失と被害に対処するメカニズム構築が決定されました。

　また、先進国は途上国に対し2020年までに年間1000億㌦の気候変動対策のための資金拠出を約束していますが、先進国の多くは財政赤字を抱え、公的資金捻出には限りがあります。そのため民間資金への期待が高く、この1000億㌦にも民間資金が含まれています。

　日本は2013年以降の京都議定書第二約束期間では、削減のための数値目標を持たないことを表明しました。ただし、京都議定書に参加しない

米国や目標を持つ義務のない中国などの新興国と同じく、京都議定書には基づかない形で削減目標を設定しました。

2020年以降の国際枠組みについては、2015年のCOP21で「パリ協定」として定められました。温室効果ガス削減については、いったん各国が自主的に目標や取り組みを示し、それに対し国際的にレビュー・チェックを行って意見を出し合う仕組みとなり、日本は2030年度に2013年度比26%減という目標を提出しました。2016年11月にパリ協定が発効し、同協定を実効性あるものとするためのルール作りが進められ、2018年12月のCOP24で採択されることになっています（執筆は2018年11月）。

問題解決の鍵は企業

気候変動問題解決に向け、以下の通り企業の役割が期待されます。

①緩和策：先進国の排出削減に加え、拡大する新興国・開発途上国の削減が重要です。特に途上国への普及を可能とする低価格の革新的な省エネ・自然エネルギー技術・製品の開発と普及がポイントとなります。そうした技術を有する企業にとっては、世界の巨大市場獲得も夢ではありません。世界の各地域のニーズに適合した適正な技術の普及が要請され、ニーズをくみ上げる人材の各国・各地域への配置も重要です。

②適応策・損失／被害対策：途上国の適応策や損失／被害対策に貢献している企業事例もすでにあります（保険会社など）。国内および海外の適応策、損失／被害対策に関する企業の取り組みへの期待も高まっています（日本政府も2015年11月適応計画を、2018年2月気候変動適応法案を閣議決定しました）。

③資金拠出・投資：利益に結び付かなくても気候変動に取り組むことが重要ですが、投資を行い、気候変動対策を進めた結果として、投資を回収し利潤を生み出す形にできれば、企業にも社会にも好ましく、より持続的に多くの気候変動対策を進めることができるでしょう。

気候変動問題に効果的に対処することは決して簡単なことではありませんが、企業の担当者は、国内外の政策動向を先読みするための努力を行い、一歩でも早く対応することが重要です。　　　（足立 治郎、遠藤 理紗）

2 生物多様性

企業はなぜ生物多様性に取り組む必要があるのか

　日本で「生物多様性」(Biodiversity)が企業のCSRや環境経営の課題として認識されるようになってから10年以上が経ちました。しかし「生物多様性といっても何をしたらいいのか分からない」とか、「自社とは関係がない」という言葉をいまだによく聞きます。

　一方、生物多様性が企業経営にとって重要な課題であることに気付いた国内外の企業は、これを事業活動に生かすようになってきており、両者のギャップは拡大しています。本項では、企業がなぜ生物多様性に取り組む必要があるのか、どのような取り組みが必要なのかを解説します。

　生物多様性とは、地球上には様々な生物種が存在し、1つの種の中にも遺伝的な多様性が存在し、また生物と非生物からなる生態系も多様である、ということをまとめた概念です。

　近年、絶滅危惧種の増加をはじめ、生物多様性が地球上の至る所で脅かされていることから、生物多様性の保全が国際的な課題となっています。しかし、単に「絶滅危惧種の保全のために寄付などして貢献すればいい」という話ではない点に注意が必要です。

企業活動が原因で生物多様性が脅かされている

　そもそもなぜ生物多様性が失われつつあるのでしょうか。主な原因は①生息地が破壊される、②乱獲される、③気候変動が進行して被害を受ける、④化学物質などによる汚染が拡大する、⑤外来種が導入され増加する——などです。

　これらはいずれも人間活動であり、特に企業活動による影響はほかの原因より圧倒的に大きくなっています。そのため、企業は、自社はもちろんサプライチェーンやバリューチェーン全体で、生物多様性に与える影響を削減しなくてはなりません。これが国際的なコンセンサスです。

CHAPTER 4 必須キーワード

「倫理的にはそうかもしれないが、なぜ企業がこの問題にそれほど真剣に取り組まなければいけないのか」「これまでのように、自然保護活動に寄付をしたり、社員参加の植林活動をしておけばいいのではないか」――。日本ではまだそのように考えている人が多いようですが、これは大きな間違いです。

というのも、企業活動は生物多様性に大きく依存しているからです。生態系は木材や水産物など、人間にとって重要な資源を提供します。さらに、森林であれば、二酸化炭素を吸収するとともに酸素を供給し、気候を安定化させ、雨水を貯留し浄化し、風水害から私たちの資産を守るという様々なサービスも提供しています。

また、遺伝子の中に刻まれた情報である遺伝子資源は、薬や化粧品、栄養食品など、有用な商品を開発することに役立っています。地域ごとの多様な生物や生態系は、地域の文化や歴史、宗教をつくり、また旅行などレクリエーションの場としても重要です。このように企業活動が生物多様性に依存している以上、それなしにはビジネスは続かないのです。

最近ではこうした機能「生態系サービス」の経済的価値が具体的に算出されるようになり、その大きさが世界のビジネスリーダーに衝撃を与えました。そのため、生態系への負荷が高いプロセスを改善することでビジネスリスクを管理する企業も現れています。

生物多様性こそ最も重要な「自然資本」

これらの理解を背景に、生物多様性こそ、企業活動を支える最も重要な「自然資本」であるのだから、与える負の影響を最小限にとどめ、むしろ自然資本を増やすように、生物多様性を保全した方が事業の持続可能性は高まる、と先進企業は考えています。

こうした企業は、自社の操業方法だけでなく、サプライチェーンにおける原材料の採掘や生産の方法を見直し、生物多様性に与える負荷を限りなくゼロに近づける挑戦を始めているのです。つまり、認証原材料を使用したり、サプライチェーンも含めて森林破壊に一切加担しないようにすることが新たな常識になりつつあるのです。　　　　（足立 直樹）

4 ３ 世界の貧困と児童労働

世界で7億人が1日1.9㌦未満で暮らす

　2014年1月、世界経済フォーラム（ダボス会議）に合わせて国際NGOオックスファムが発表した報告書の数字は、衝撃的なものでした。

　「世界人口の1％が世界の富の半分を独占している。世界の最富裕層85人の総資産が、所得下位35億人の総資産に匹敵する」

　極端な所得格差が少数の富裕層による政治プロセスの独占をもたらし、それが格差をさらに悪化させている、というのです。

　世界銀行によると、国際貧困ラインである1日1.9㌦未満で暮らす人の数は7億3600万人。経済発展が著しいインドにおいてもいまだに3人に1人が貧困状態にあり、世界そして途上国が「富める者が富み、貧しい者は貧しいまま」の社会構造にあることを浮き彫りにしています。

ミレニアム開発目標から持続可能な開発目標へ

　国際社会は、一貫して貧困撲滅に取り組んできました。2000年に国連が打ち立てたコミットメント「ミレニアム開発目標」（MDGs）は、8つの目標、ターゲット、それを測る指標で構成され、2015年までに貧困削減に向けて世界が目指すべき方向性を示していました。

　その後継が17の目標と169のターゲットからなる持続可能な開発目標（SDGs）です。これは「あらゆる形の貧困を終わらせる」という強い決意とともに「no one will be left behind」（誰も取り残されない）「Universality」（普遍性）などの特徴があります。MDGsが主に途上国を対象としていたのに対し、全ての国が対象となっていること、また国連持続可能な開発会議（リオ＋20）などの流れを受け、環境に関する目標が取り込まれたことなどがMDGsとの違いとして挙げられます。筆者も2015年9月の国連持続可能な開発サミットに行き、特に民間企業セクターのかかわりが、MDGsよりはるかに高いこともうかがえました。

80

CHAPTER 4　必須キーワード

世界の児童労働者数、1億5200万人

　2017年9月、国際労働機関（ILO）が世界の児童労働者数の推計を1億5200万人と発表しました。これは世界の5歳から17歳の子どもの10人に1人に当たります。

　前述のSDGsのターゲット8.7には、2030年までに強制労働、現代的奴隷、人身取引の廃止、および2025年までにあらゆる形態の児童労働の撤廃という目標が設定されています。

　ILOは2000年以降、4年ごとにこの統計を発表しています。児童労働者数が2億1500万人から1億6800万人へと4700万人もの大幅な減少を見せた2013年の前回に比べ、SDGsの採択後初めてとして注目されていた2017年の発表では、1633万人の微減に留まりました。このペースでは、SDGsの目標に掲げられている2025年までの全廃はおろか、その時点で1億2100万人への減少にしかならないと懸念されています。

　児童労働は全ての働く子どもを指すのではありません。ILOの「最悪の形態の児童労働条約」「最低年齢条約」の2条約が児童労働の定義と考え方の基準となり、基本的には15歳未満の違法労働と、15歳以上18歳未満の危険有害労働を指します。家の手伝い、新聞配達などの軽い労働はこれには含まれません。

　児童労働は企業の事業活動の文脈ではリスクであり、児童労働がメディアやNGOにより摘発され明るみに出ると、それがブランド価値を下げることになります。

　児童労働は法令違反であるだけでなく、国連グローバル・コンパクトにも「児童労働の実効的な排除」と明記され、企業の社会的責任として取り組むべき課題と認識されています。2010年のISO26000の発行を受け、児童労働についてはさらに企業の責任の範囲が広がりました。直接的に児童を使用するだけでなく、サプライチェーンの委託先企業や原料調達現場も含めた「加担」をいかに回避するか、人権デューデリジェンスを実施することが求められています。

（岩附　由香）

81

4 エシカルなビジネス

英国に端を発する「エシカル」という概念

　「エシカル」とは、英語のethic（倫理）の形容詞として「道徳的な、倫理的な」を意味しますが、今日的には社会や環境への配慮を表す意識や価値観、ライフスタイルを表す言葉として使われ始めました。この流れは、英国に端を発したといわれています。

　1989年、英国の専門誌「エシカルコンシューマー（Ethical Consumer）」がマンチェスター大学の3人の学生によって創刊されました。そのミッションとして、「消費者の力で、グローバルなビジネスをより持続可能なものにする」ことを掲げています。

　同誌では企業や商品のエシカル度を測る指標「エシスコア」を独自に計測、公表しています。具体的には「Environment（環境）」「Animals（動物の権利）」「People（人権）」「Politics（反社会勢力支援の有無など）」「Sustainability（持続可能性）」という5大項目、19小項目で評価しています。

　一方、企業の倫理的な取引を推奨するために、1998年、英国で「エシカル・トレード・イニシアティブ」という、NGO・企業・労働組合の3者でつくるNGOが発足しました。同団体は、国際労働機関（ILO）が定めた、労働権に関連した基本的国際原則（ETI基本規範）を指針として導入。世界中のサプライチェーンの下に置かれている労働者たちの労働条件と生活の改善を行っています。

エシカル関連の消費は拡大傾向にあり

　この流れを受け、エシカルな商品を進んで購入したり、エシカルではないという理由で商品をボイコットしたりする人を「エシカルコンシューマー」と呼び、その数は増加傾向にあります。ファッション業界では、英国のキャサリン・ハムネット氏やステラ・マッカートニー氏などが有名で、2004年からはパリ・コレ期間中にエシカル・ファッションショー

82

CHAPTER 4　必須キーワード

がスタート。趣旨に賛同する各国のデザイナーが参加して新作コレクションを発表しています。

　英国コーポラティブ銀行の調べでは、1998年から10年間で英国の一般家庭内でのエシカル関連の消費が120％も拡大したとされています。

　投資分野でも、企業の社会的責任の観点から投資を行う社会的責任投資（SRI）の市場が拡大。2010年に欧州と米国のSRI関連団体が公表したデータでは、SRIの欧州市場規模は前回（2007年）調査比で87％増の約5兆ユーロ、米国は同13％増の3兆ドルに拡大しました。

　両地域ともに、投資の判断基準にESG（環境、社会、ガバナンス）の要素を組み込んだ投資家が増加したことが要因とされています。特に、兵器産業や紛争地域でビジネスを行う企業を投資対象から外し、労働環境改善や人権擁護、コミュニティーとの共生などの企業倫理に配慮した活動を行う企業への投資が増加しています。

日本でのエシカルの浸透

　日本では、2007年にボルヴィックの「1L for 10L」プログラムが始まり、初めて寄付つき商品が注目を浴びました。また同年7月、アニヤ・ハインドマーチの「I'm NOT A Plastic bag」と書かれたエコバッグが即完売するなど、ちょっとした社会現象となりました。

　それ以降、ファッション誌やライフスタイル誌が、新たな消費の選択肢として、エシカルという言葉を用いてフェアトレード（公正貿易・公平貿易）や寄付つき商品を紹介し始めました。

　2011年3月、東日本大震災の発生直後から、復興支援へつながる消費活動やファンドが続々と生まれるなど、エシカルという言葉以前に、その概念が消費者を突き動かしました。また若手起業家によるエシカルを打ち出したブランドも増えています。

　日本におけるGoogleでの「エシカル」の検索件数は、2010年の4.6万件から、2018年は約391万件のヒットとなり、8年で約85倍になっています。エシカルは、これからの消費行動に関与する重要な概念として、ますます注目を集めることでしょう。　　　　　　　　　　　　　（細田 琢）

83

4 5 フェアトレード

フェアトレードの歴史

　現在のグローバル貿易の仕組みは、経済的にも社会的にも弱い立場の開発途上国の人々にとって、時に「アンフェア」で貧困を拡大させるものだという問題意識から、南北の経済格差を解消する運動として始まったのがフェアトレード(公正貿易・公平貿易)です。

　もともと手工芸品から始まったフェアトレード運動ですが、1970～80年代になると、農産物であるコーヒー豆もフェアトレード商品として取り扱われ始めます。それ以降、カカオ、砂糖、バナナなどの一次産品にも対象が広がっていきますが、背景には、開発途上国の生産者を苦しめる農産物価格の下落がありました。

「援助ではなく貿易を(Trade not Aid)」

　これは、1968年、国際連合貿易開発会議(UNCTAD)で開発途上国側から提案されたスローガンです。開発途上国の貧困や先進国との経済格差は、そもそも貿易のアンバランスによって引き起こされているのであって、援助では解決できない、というフェアトレードにも通じる考え方です。

　2001年、世界の主要なフェアトレードネットワーク組織が共同でフェアトレードの定義を次のように定めました。

　「フェアトレードは、対話、透明性、敬意を基盤とし、より公平な条件下で国際貿易を行うことを目指す貿易パートナーシップである。特に『南』の弱い立場にある生産者や労働者に対し、より良い貿易条件を提供し、かつ彼らの権利を守ることにより、フェアトレードは持続可能な発展に貢献する」。現在では、この定義が世界的に最も認知されています。

開発途上国の生産者たちが直面する課題

　例えばコーヒーは、一次産品としては石油に次いで世界第2位の取引規模を誇っていますが、生産地域の9割以上が開発途上国です。コーヒー

豆の買い取り価格は、生産現場とは遠く離れたニューヨークとロンドンの国際市場で決められます。需給バランスだけでなく、投機マネーの流入で、日々激しく値動きします。マーケット動向の情報や市場への販売手段を持たない個々の小規模農家の多くは、中間業者に頼らざるを得ず、時に生産コストすら賄えない価格で売らざるを得ません。

そのような状況では、子どもを学校に行かせることもできず児童労働につながったり、環境を守りながら品質の良いものを作ることもできず、生産者ばかりか、結果としてサプライチェーン全体が不安定でアンサステナブル（持続不可能）な状態を生み出したりしてしまいます。

これはコーヒーに限らず、カカオや砂糖、バナナやコットンといった多くの農産物の生産現場で起こっていることです。最近は気候変動の影響も深刻で、生産物の被害により収入が低下し、貧困を加速させています。

持続可能な社会を目指すフェアトレード

　国際フェアトレードラベル機構（1997年設立、本部・ドイツ）では、きちんと生産コストをカバーし、生産者の持続可能な生産を支えるため「フェアトレード最低価格」を定めています。国際市場価格がどんなに下落しても、輸入業者は「フェアトレード最低価格」以上を生産者組合に保証するルールです。また生産者組合や地域全体の社会発展のための「プレミアム」も別途、取引量に応じて輸入業者から直接、生産者組合に保証されます。プレミアムは、生産地域の社会インフラ整備といった生産者たちの生活の質の向上だけでなく、生産物の品質や生産性の向上にも多く活用されています。

　フェアトレードにより、生産者は自らの力で貧困から脱却し、女性や子どもの権利を守り育て、より良い未来の実現を目指します。消費国側のビジネスの視点からも、サプライチェーンの持続可能性に有効である

国際フェアトレード基準を守った商品に貼付される国際フェアトレード認証ラベル

とされ、フェアトレード認証製品市場規模は年々成長しています（2017年世界市場は約1兆742億円）。

（中島　佳織）

4

6 オーガニック／有機農業

有機農業が始まった時代背景とは

　日本では戦後、農業の工業化という掛け声の下、化学肥料が普及し、作業の効率化と共に収穫量の増加をもたらしました。一方で、ミネラルの不足や栄養の偏りによって土壌のバランスが崩れ、病虫害の発生、連作障害が拡大し、農薬の大量使用につながることになりました。その結果、堆肥などによる土づくりがおろそかになることによって、生物多様性も失われ、化学肥料と農薬の大量使用という悪循環に陥り、作物が育たない連作障害(嫌地現象)が多数みられるようになりました。

　有機農業の原点は、「環境に配慮し、生物の多様性による生態系のバランスや土づくりを重視した持続可能な農業の実現」にあります。つまり、人の健康に役立つ滋味豊かな農産物は健全な土壌があってこそであり、生産者が化学肥料や農薬に頼らず、土づくりに専念できる農業の重要性が再認識されました。そして消費者にも生産者の取り組みを理解し協力していくという関係が求められたのです。

　こうした時代背景のなかで、日本で有機農業が提唱されたのは、1971年に設立された「日本有機農業研究会」の設立によるといわれています。

　その設立者、故一楽照雄氏の趣意書は今の時代にそのまま通用する内容です。「有機農業」の名称も一楽氏の命名によるといわれています。

　日本の有機農業推進法における有機農業の定義は、「化学的に合成された肥料及び農薬を使用しないこと並びに遺伝子組換え技術を利用しないことを基本として、農業生産に由来する環境への負荷をできる限り低減した農業生産の方法を用いて行われる農業をいう」とあります。

国内外で有機農業はどのように発展してきたか

　欧米では一般流通、特に店舗での取り組みを中心に進み、日本は共同体的意識に基づいて同じ価値観に支えられた生産者と消費者の「提携」と

いう仕組みで進んできたという違いがあります。

提携（産消提携／生消提携）とは、単なる「商品」の産地直送や売り買いではなく、人と人との友好的つながり（有機的な人間関係）を築くなかで、生産者は有機農業を実践し、消費者は無駄なく全量を引き取り、農作業の手伝いなどを通して農業に触れ、農業を理解し、共に環境や食の安全を実現していく関係をいいます。

欧米は主に一般的マーケットの中で販売するため、統一基準作りによる認証システムへの取り組みが広がり、消費者にすぐ分かるマークの信頼性をつくることによって店舗での販売による広がりが早く進みました。それを支える有機農業に関する法律の施行も早く進みました。

一方、日本は生産者と消費者の信頼関係によるグループ取引が多いため、有機認証のマークや制度がなかなか広がらない結果となりました。

有機農業にはどのような問題点があるか

例えばEUの有機圃場（農耕地）の面積比率が6.7%（2016年、対前年8.2%増）、マーケット規模は約4兆円（対前年で12%増）に拡大しているのに比較し、日本はまだ面積比率0.5%、マーケット規模は1300～1400億円（2010年OMRプロジェクト調査）にとどまっています。最大の要因は国の政策と方法にあります。有機農業の推進に関する法律の成立はEU（欧州連合）が1991年、日本は2006年と15年も遅れました。

また農林水産省など複数の調査によると、日本で95%の消費者は有機、オーガニックという言葉を知っていますが、実際に内容を理解している人は5%にすぎないという調査結果があり、有機JASマークもほとんどの消費者が知らないという結果となっています。

一方で、新規就農希望者は増えつつあり、その中で約30%の人が有機農業を目指しているということがはっきりと数字に表れています。彼／彼女らは若く、インターネットを駆使して消費者とのコミュニケーションを取りながら、いわゆる「提携」を成立させ、有機農業の拡大が期待できます。企業にとっても、環境の保全、生物多様性の維持、食の安全の確立はCSRのテーマになっています。 　　　　　　　　　（徳江 倫明）

7 ソーシャルメディア

4

ソーシャルメディア活用の課題と成熟

　総務省の情報通信白書（2017年）によると、国内スマートフォン普及率は7割超（75%）となっており、多くの人がソーシャルメディアを通じて情報を「双方向」かつ「リアルタイム」で自由に受発信することが可能になりました。2018年の時点で国内におけるFacebookのユーザー数は約2800万人、Instagramは2900万人、Twitterは約4500万人、メッセンジャーサービスのLINEは7600万人を超える人に利用されています。

　このような状況では、企業の商品・サービス、或いはCMなどのマーケティング手法などに問題や不具合があったり、消費者からの反感を買うような投稿をしたりした場合、企業に対する不満や批判があっという間に拡散します。企業アカウントからの投稿のみならず、従業員の軽率な行為、投稿がSNS上で拡散することで取り返しがつかない炎上事件に発展してしまうことも残念ながら毎日のように発生しているのが現実です（ユナイテッド航空の乗客引きずり下ろし事件、ドルチェ＆ガッバーナ社の中国での炎上など）。

　スマートフォンの普及が進んだことで動画や写真による投稿が瞬時に拡散しやすくなり、差別や不正義に対する怒りや義憤心から、感情に任せた投稿が増幅しやすい傾向があります。海外においては不買運動に発展する事例もみられます。

　反対に、企業の商品・サービス、社会的な活動に対する共感が得られる場合には、ソーシャルメディア上で好意的な口コミが広がり、その結果、評判・評価が高まることも少なくありません。

　今後使用されるソーシャルメディアのプラットフォームは変化していくかもしれませんが、その本質にある以下のような4つの点は今後ますます求められていくでしょう。

重要な4つのテーマ

①ストーリーテリング：企業がCSR活動を広く社会に伝える方法として、今後はより頻繁にホームページやブログなどでの情報発信が行われ、写真や動画を盛り込みながら、ソーシャルメディア上で多くの人に伝わるストーリーを語ることが求められるでしょう。

②透明性：ソーシャルメディアの利用が広がることで、企業に関する情報は簡単に多くの人の目に触れることになります。株主向けの経営情報のみならず、コンプライアンス、環境問題、労働環境改善への取り組みなど、タイムリーな情報開示がますます求められます。

③消費者・市民・株主・従業員など多様なステークホルダーとの対話：従来、企業のCSR関連のコミュニケーションとしてはレポート、イベント、リリースなどを大手メディア経由で伝える形が主流でした。ソーシャルメディアを活用することで、直接、消費者、市民、株主、従業員など、多様なステークホルダーへの情報発信が可能になり、また何より重要なこととして、彼らからのタイムリーな反響が公の目に触れる形で得ることも可能になります。CSR活動を効果的に推進するためにもこうした声に耳を傾け、それらを踏まえた対話を行うことが求められていきます。

④コミュニティー活用：ソーシャルメディアを活用することで消費者は簡単に同じような考えを持つ仲間とコミュニティーを形成することが可能になりました。継続的な情報発信により読者のコミュニティーも生まれ、そうしたやりとりの中から新商品・サービスが生まれるような事例もすでに数多く生まれています。

　企業のCSR活動にとってソーシャルメディアは非常に親和性の高いメディアツールであるとされ、海外などでも積極的に活用されています。CSR活動という枠にとどまらず、経営の在り方にも大きな影響を与え得る大切なテーマとしてこれからも注目する必要がありそうです。

（市川 裕康）

4

8 自然エネルギーとRE100

SDGsにもクリーンエネルギーとして推奨

　自然エネルギーは一般的に太陽光、風力、水力、バイオマス、地熱など自然由来のエネルギーを指します。「再生可能エネルギー」と同義語ですが、「再生可能」は難解な用語であるため、本書では自然エネルギーの名称を使用します。

　ただし、「再生可能」の意味を知っておくことは重要です。これは英語のrenewable（リニューアブル）の訳語で、およそ「使ってもまた自然の力で補給される」という意味です。

　SDGsの目標7「エネルギーをみんなに、そしてクリーンに」では、2030年までに世界のエネルギーミックスにおける自然エネルギーの割合を大幅に拡大させることがターゲットとして定められています。

　日本では2003年、電力会社に一定の自然エネルギーの導入を義務付けるRPS制度が導入されましたが、義務量が低く設定されたため、導入がほとんど進みませんでした。その中で、2012年7月に施行された再生可能エネルギー特別措置法によって自然エネルギーの固定価格買い取り制度（FIT）が始まり、日本の自然エネルギー産業にとって大きな転機になりました。

　2016年4月の小売り電力自由化もこの動きを後押しし、全国に多くの自然エネルギー発電所が誕生し、新規の電力小売り事業者も増えました。

　経済産業省・資源エネルギー庁の資料によると、日本の発電電力量に占める自然エネルギー比率（2017年度）は16.1％（水力を除くと8.1％）です。この4年で自然エネルギー比率は急速に高まりましたが、それでも主要国と比べるとまだ数字は低く、さらなる導入拡大が求められています。

　各国の自然エネルギー比率（水力を除く）はドイツ27.7％、イギリス25.9％、スペイン25.2％、イタリア23.6％、米国7.8％、カナダ7.1％となっ

90

CHAPTER 4 **必須キーワード**

ています。最近では中国の自然エネルギー導入が目覚ましく、中国での再生可能エネルギーの設備投資金額（2017年）は1261億㌦と世界全体の約半分を占めています（UNEP調べ）。日本政府は自然エネルギー比率（水力を含む）を2030年度に22 〜 24％程度に増やす目標を掲げましたが、主要国と比べるとまだまだ「周回遅れ」の状況です。

気候変動対策の切り札の一つ

　自然エネルギーは、石油や石炭、天然ガスなどの化石燃料と違って発電時にCO_2などの温室効果ガスを発生しないため、気候変動対策の切り札の一つです。原子力発電も発電時の温室効果ガス発生は無いですが、福島第一原発事故の記憶も新しい中、その安全性への懸念と、燃料であるウランも資源として有限であること、原子力発電所の建設コスト高騰もあって、海外では原発事業を縮小・撤退した事例が相次いでいます。

　一方、自然エネルギーの側も、大規模な太陽光発電に対する景観や環境破壊が問題になり、反対運動も起きました。バイオマス発電でも、東南アジアからの輸入バイオマスの持続可能性への懸念も指摘されています。どんな形態の発電事業にせよ、持続可能性や地域住民との合意が不可欠だと言えます。

「自然エネルギーは供給が不安定なので電力の安定供給に影響がある」との指摘もよくあります。これについては、自然エネルギーの発電量がさらに増え、北海道から九州までの連系線利用や増強による電力融通の拡大、将来的には技術的イノベーションで解決できるとの見方もあります。

　企業が使う電力を将来的にすべて自然エネルギーに切り替えることを誓約する「RE100」の枠組みもグローバル規模で進んでいます。海外ではアップル、イケア、ネスレ、アディダスなど、加盟企業が約150社に達しました。日本では、2017年6月に日本で初めてリコーが加盟したのに続き、積水ハウス、アスクル、大和ハウス工業、ワタミ、イオン、城南信用金庫、丸井グループ、富士通、エンビプロ・ホールディングス、ソニー、芙蓉総合リース、コープさっぽろの13社が加盟しました（2018年12月現在）。

（森　摂）

91

4 9 障がい者雇用

企業の障がい者雇用率は過去最高を更新

　「障害者白書」（2018年版）によると、わが国の障がい者は936.6万人で、総人口のおよそ7.4％に相当しています。わが国では、障がい者は身体障がい者、知的障がい者、精神障がい者の3区分に分けられており、雇用施策対象者（18歳～64歳の在宅者）は約362万人（身体障がい者101万人、知的障がい者58万人、精神障がい者203万人）となっています。

　厚生労働省が発表した2017年の「障害者雇用状況の集計結果」によると、法定雇用義務が課されている従業員規模50人以上の企業で49万5795人（対前年比4.5％増）が雇用されています。

　障害者雇用促進法で定められた法定雇用率（2017年2.0％、2018年4月1日より2.2％）未達成企業の割合は50％となりました。

　障がい者の企業への一般就労は2004年を境に右肩上がりとなり、2017年12月時点では、企業における障がい者雇用率は1.97％と過去最高を記録しています。国などの公的機関や独立行政法人などで雇用されている障がい者は約6万7000人でしたが、2018年中央省庁などで雇用数の水増し問題が発覚し、再点検の結果約6万人に修正されました。

　また、一般就労以外のいわゆる福祉就労は、障害者総合支援法で定められた就労移行支援施設には約3.3万人、就労継続支援A型施設には6.9万人、就労継続支援B型施設・旧法授産施設24万人（2018年3月現在）となっています。

　福祉施設においては、その工賃（賃金）の低さがしばしば問題とされています。2016年度の平均工賃（賃金）は就労継続支援A型全施設で月額7万720円、就労継続支援B型全施設で1万5295円と年々改善はされてきてはいますが、依然として低い賃金水準にとどまっています。

スワンベーカリーをお手本に

CHAPTER 4 **必須キーワード**

　福祉の世界で障がい者の雇用拡大に努めても、この低賃金では障がい者を自立させる持続可能性は乏しいのが実態です。今後の障がい者雇用問題は、企業が「雇用の場づくり」ができるかどうかにかかっているといえるでしょう。

　このことを世に問うて、企業における障がい者雇用の可能性を実践したのがヤマト運輸の元会長である故小倉昌男氏です。その奮闘ぶりは『福祉を変える経営～障害者の月給一万円からの脱出』(日経BP社)として著されています。

　障がいのある人もない人も、共に働き、共に生きていく社会の実現を理念に、障がい者が自立するための雇用機会を広げるべく「スワンベーカリー(株式会社スワン)」を誕生させました。現在、同社は直営店とチェーン店を合わせて全国に28店舗を展開し、350人以上の障がい者が働いています。企業がこれからCSRを重視するのであれば、地域社会にいる障がい者を積極的に雇用することで、企業価値を高めてほしいところです。

障がい者雇用で業績が向上した企業も

　筆者は法政大学大学院政策創造研究科「坂本光司研究室」において「企業における障がい者雇用の効用」という調査研究を実施しました。

　障がい者雇用を始めてからの業績について聞いたところ、「変わらない」と回答した企業が67.3%(136社)、「良くなった」と回答した企業が18.8%(38社)、「わからない」が13.4%(27社)、「悪くなった」が0.5%(1社)でした。この「悪くなった」と回答した企業は、雇用していた健常者が障がい者になったケースでしたので、新たに障がい者を雇用して「悪くなった」と回答した企業は今回の調査では該当がありませんでした。

　業績が良くなったという企業では、ただ障がい者雇用をするだけでなく、障がい者雇用を契機に「仕事の進め方を見直した」や「設備投資をした」の割合が高い傾向が出ています。

　障がい者雇用を機に、経営革新を実践し業績改善につながったわけです。同時に、健常者社員の心的変化にも好影響が及ぶことも業績向上の大きな要因になるという結果が出ています。　　　　　　　　(小林 秀司)

93

| 4 | 10 | コーズ・リレイテッド・マーケティング |

コーズ・リレイテッド・マーケティングとは

コーズ(cause)という英語は「理由」「大義」などの意味があります。コーズ・リレイテッド・マーケティング(Cause-Related Marketing：CRM)とは、「収益の一部がNPOなどへの寄付を通じて、社会課題の解決のために役立てられるマーケティング活動」のことです。

この活動は、寄付や物品の贈与など、企業による見返りを期待しない慈善活動とは違い、同時にマーケティング効果を得ることが特徴です。

そして、このような取り組みを行っている商品やサービスのことは「コーズブランド(Causebrand)」または「寄付つき商品」と呼びます。環境に配慮した商品のことを「エコブランド」と呼ぶように、コーズブランドとは、環境や途上国の貧困など、様々な社会課題に対し、社会貢献をするブランドを指します。

CRMの広がりは自由の女神の修繕プロジェクト

CRMは1983年に米国でアメリカン・エキスプレス社が行った活動がきっかけで広がったといわれています。同社は自由の女神を修繕するために、アメリカン・エキスプレス・カードへの新規入会につき1ドルを、カード利用1回につき1ドを寄付するキャンペーンを行いました。その結果、新規入会者数は45％増え、カード利用額も28％増加。3カ月間で総額170万ドルを寄付しました。

日本でのCRMは1960年から始まったベルマーク運動がよく知られていますが、CRMが大きく注目されるようになったのは2007〜2008年ごろです。2007年にボルヴィックが「1L for 10Lプログラム」をスタート。この活動は期間中にボルヴィックのミネラルウォーターを1リットル購入するごとに、10リットルの水がアフリカのマリ共和国に創出されるというもの。同社の取り組みは高く支持され、期間中の売上高が前年比31％増（2007年

度）という好業績の一因となりました（活動は2016年8月31日に終了）。
そして、続く2008年には森永製菓がチョコレートで「1チョコ for 1スマイル」を、王子ネピアがティッシュなどで「千のトイレプロジェクト」をスタートさせました。この3つの取り組みは、その後の日本におけるCRMの広がりに大きな影響を与えたことから、「CRM第一世代」と呼ばれています。

企業・消費者・NPOの参加

CRMの実施には「企業」「消費者」「NPO」の参加が必要です。そして3者全てにメリットがあります。企業が社会課題の解決のために売り上げの一部などから寄付を表明し、消費者が商品を購入。売り上げに応じた金額をNPOへ寄付し、社会課題の解決を図ります。そのことでより良い社会環境がつくられ、消費者へ還元されるというものです。

それでは、3者は同じ目的を持ってCRMに参加しているのかというと少し違います。企業の主な目的はCSRとマーケティングです。企業にできる社会的責任（積極的な社会貢献）として、また、商品がかつてほど売れない時代に商品を販売するマーケティング活動として取り組んでいます。そして、消費者にとっては気軽な寄付行為として、さらには新しい商品選択の理由として参加しています。NPOは、社会課題を解決するための情報を発信する場として、また、寄付を集める場として参加しています。以上のように3者の目的には違いがあることから、途中で関係がうまく進まなくなる例もあります。

このような事態にならないためには3者が共有できる「共通目的」を設定することが必要です。そして、その目的はただ一つ、「社会課題を解決する」ことです。この目的を3者共通の目的として設定して活動することで、3者の間に連帯感を生み、様々な成果が得られます。

CRMの日本での歴史は浅く、取り組みや研究は多くはありません。しかし、すべての参加者にメリットがあり、持続可能な取り組みでもあります。3者の立場の違いをよく理解し、「社会課題の解決」を共通目的として進められる活動が増えることを期待しています。　　　　　（野村 尚克）

4 | 11 社会起業家 (ソーシャルアントレプレナー)

近年関心が広がる社会起業家とは

社会起業家(ソーシャルアントレプレナー)が現れたのは、20世紀後半、世界経済の成長の限界が見え始め、地球温暖化や貧困問題などグローバルな社会課題が深刻化したのが背景です。彼らは、政府・自治体などの公共部門も民間企業も解決が困難な社会課題を、事業によって解決していこうと立ち上がったのです。

世界で最も有名な社会起業家は、2006年にノーベル平和賞を受賞したバングラディシュのムハマド・ユヌス氏でしょう。グラミン銀行を創設し、「マイクロクレジット」と呼ばれる貧困層を対象にした無担保融資を農村部などで行っています。

ニューヨークのマンハッタンで非営利組織「コモン・グラウンド」を設立し、ホームレスや低所得世帯の人々に供給する居住施設の開発と運営を行っているロザンヌ・ハガティ氏もよく知られています。

社会起業家を支援する世界的な組織としては、1980年にビル・ドレイトン氏が立ち上げ、これまでに70以上の国々で活躍する約3000人の社会起業家を支援してきたアショカ・ファウンデーションなどがあります。

日本の経営哲学に息づく社会起業家精神

日本でも21世紀に入るころから注目されるようになり、2003年に田坂広志氏が社会起業家フォーラムを立ち上げ、2005年に渡邊奈々氏著の『社会起業家が世の中を変える チェンジメーカー』(日経BP社)が出版されるなかで、社会起業家への関心が広がっていきました。

そして、NPO法人フローレンス駒崎弘樹代表理事やマザーハウス山口絵理子代表取締役など著名な社会起業家も誕生。さらには、2010年に日本初の社会起業家の育成に特化したビジネススクールである社会起業大学が開校するなど、社会起業家への注目が高まってきています。

CHAPTER 4　必須キーワード

　このように社会起業家の歴史をたどってみると、あたかも欧米から輸入されてきた概念のように映りますが、「社会課題を事業によって解決する」という手法は、実は日本に古くからあるものなのです。

　松下電器産業（現パナソニック）創業者で、経営の神様といわれた松下幸之助氏は、「産業人の使命も、水道の水の如く、物資を無尽蔵にたらしめ、無代に等しい価格で提供する事にある」という、いわゆる「水道哲学」をもって、日本の経済発展に大きく貢献をしてきました。

　さらには、鎌倉時代以降、全国で商いを行っていた近江商人の哲学である、三方よし（売り手よし、買い手よし、世間よし）の思想、つまり「売り手の都合だけで商いをするのではなく、買い手が心の底から満足し、さらに商いを通じて地域社会の発展や福利の増進に貢献しなければならない」という考え方は、まさしく社会起業家に通じるものです。

　さらに、日本資本主義の父といわれる渋沢栄一氏の『論語と算盤』、旧財閥の住友家の家訓の「浮利を追わず」、そして、「本業を通じて社会貢献をする」「利益とは社会貢献をした証しである」など、もともと日本の経営者が持っていた経営哲学には、社会起業家的な考え方が含まれています。

働く全ての人が社会起業家精神を持つ時代へ

　物質的な豊かさを追い求め、グローバルな競争環境の中でもうけることに専念し過ぎたことが近年の環境破壊につながってきたことを考えると、自分たちの利益のみならず、社会、そして地球への影響も考慮した経済活動が求められています。つまり、これまでの日本で大事にされてきた経営哲学こそ、現在の社会に求められているのです。

　社会課題が多様化し山積するなか、日本が大事にしてきた経営哲学を再認識するとともに、私たち一人ひとりが社会起業家精神を持って自ら動き、身近にある課題を解決していくことが必要です。働くすべての人が社会起業家精神を持つ時代は、すぐそこにあります。

（田中　勇一）

97

4

12 ソーシャルビジネス

どの企業にも「経済的目的」と「社会的目的」

　どんな企業にも、売上高や利益、配当などの「経済的目的」と、社会的な責任を果たすための「社会的目的」があります。ソーシャルビジネスは、このうち社会課題の解決など「社会的目的」の比重が高い経済活動を指し、これを実践する企業を「社会的企業（ソーシャルエンタープライズ）」と呼ぶこともあります。

　ソーシャルビジネスは1つの企業の事業領域全てを指す場合もあれば、企業によるCSR活動のうちビジネス色が濃いものを指す場合もあります。前者ではアウトドア用品のパタゴニア（米国）や化粧品のザ・ボディショップ（英国）やアヴェダ（米国）などがその草分けとして知られています。

　ソーシャルビジネスの担い手は企業（株式会社や合同会社）だけではなく、協同組合、NGO／NPOなどの非営利団体や、民間と行政による第三セクター的な事業体によるものもあります。ソーシャルビジネスのうち、障がい者・就労困難者の雇用や社会福祉サービスに特化した事業体を「ソーシャルファーム」と呼びます。

経済産業省もソーシャルビジネスを奨励

　ソーシャルビジネスは1980年代以降、当時のレーガン政権やサッチャー政権で社会保障費が大幅に削減されたため、様々な公共サービスを補完する形で現れました。日本でもこの数年、経済産業省がソーシャルビジネスを奨励しています。経産省による「ソーシャルビジネス」の定義は次の通りです。

　「地域社会においては、環境保護、高齢者・障がい者の介護・福祉から、子育て支援、まちづくり、観光などに至るまで、多種多様な社会課題が顕在化しつつあります。このような地域社会の課題解決に向けて、住民、NPO、企業など、様々な主体が協力しながらビジネスの手法を活用して取り組むの

が、ソーシャルビジネス(SB)／コミュニティービジネス(CB)です」

　日本でも2000年代以降、少しずつソーシャルビジネスが生まれ、育ってきました。事業型NPOとしては、病児保育のフローレンスなどがあり、株式会社としては、ワンコイン健診のケアプロなどが知られています。

　大企業のCSR活動でも最近、ビジネス色が強いものが増えています。これを「CSV(共有価値の創造)」と呼びます。企業にとって、寄付のような一方的なコスト負担ではなく、事業収益によって事業拡大も期待できることから、今後さらに拡大していくとみられています。

ソーシャルビジネスへの期待、各国で高まる

　ソーシャルビジネスの担い手として世界的に有名なのは、グラミン銀行の創設者であるムハマド・ユヌス氏です。グラミン銀行は1983年に創設され、「マイクロクレジット」と呼ばれる低金利の無担保融資によって、貧困層の資金繰りを支援してきました。

　ユヌス氏によるソーシャルビジネスの定義のうち、最も特徴的なものは「投資家は投資額のみを回収できる。投資の元本を超える配当は行われない」というものです。ただ、「この定義は投資家に厳し過ぎて、逆にソーシャルビジネスに対する資本流入が抑制されてしまう」という見方もあります。

　このように、ソーシャルビジネスには様々な形態があり、その定義も統一されていません。しかしながら、企業の社会的な活動に対して社会の要請が世界規模で高まっていること、多くの国で政府の財政収支が厳しい状況にあり、公的サービスが質も量も十分ではなくなってきている——ことなどを背景に、多くの国でソーシャルビジネスの存在感が飛躍的に高まってきたことは間違いないようです。

（森　摂）

索引

A—Z

Caring for Climate 27
COP 13, 48, 76, 77
CSR経営 42, 46
CSR認証 30, 31
CSRレポート 22, 23
CSV 13, 52, 99
ESG 10, 11, 23, 28, 29, 47, 53, 83
GRIガイドライン（GRI G4） 22, 23, 55
IIRC（国際統合報告評議会） 23, 47
ILO（国際労働機関） 27, 54, 81, 82
ISO26000 11, 24, 25, 37, 38, 50, 55, 81
MDGs（ミレニアム開発目標） 12, 80
NGO 14, 15, 22, 24, 27, 35, 36, 38, 39, 47, 62, 80, 81, 82, 98
NPO 14, 15, 17, 29, 35, 36, 38, 39, 49, 52, 53, 61, 62, 63, 64, 65, 70, 71, 94, 95, 96, 98, 99
OECD（経済協力開発機構） 21, 28, 55
RE100 90, 91
SDGs（持続可能な開発目標） 10, 11, 12, 13, 30, 31, 37, 42, 48, 49, 53, 55, 63, 80, 81, 90
SRI（社会的責任投資） 28, 29, 83
UNPRI（国連責任投資原則） 11, 29
Water Mandate 27

あ行

エシカル 73, 82, 83
近江商人 34, 97
オーガニック（有機） 86, 87
オープンイノベーション 17

か行

環境報告書 23
企業行動憲章 13, 35, 39
企業不祥事 20, 42
気候変動 11, 12, 13, 27, 29, 35, 36, 48, 49, 76, 77, 78, 85
寄付 10, 11, 36, 50, 52, 53, 60, 78, 79, 83, 94, 95, 99
強制労働 15, 27, 35, 36, 37, 54, 81
京都議定書 76, 77
経済同友会 34
公害 34, 36
コーズ・リレイテッド・マーケティング（Cause-Related Marketing） 94
国連グローバル・コンパクト（UNGC） 26, 29, 54, 67, 81
コーポレートガバナンス・コード 29
コレクティブ・インパクト 17
コンプライアンス 10, 11, 20, 21, 40, 41, 42, 43, 50, 51, 89

さ行

サステナビリティ報告書 47
サステナブル／サステナビリティ 11, 12, 13, 23, 28, 29, 46, 47, 48, 85

100

INDEX

サステナブル投資 ……………… 28, 29
サプライチェーン ……… 21, 35, 37, 48,
　　　　　　　　78, 79, 81, 82, 85
サプライヤー ……………………… 15, 37
三方よし ………………………… 34, 97
ジェンダー ……………………… 48, 49
自然エネルギー ………… 77, 90, 91
自然資本 ………………………… 47, 79
児童労働 ……… 15, 27, 35, 36, 37,
　　　　　　　48, 54, 80, 81, 85
渋沢栄一 …………………………… 97
社会起業家（ソーシャルアントレプレナー）
　　　　　　　　………… 61, 96, 97
消費者基本法 ……………… 42, 43, 73
人権 ……………… 11, 12, 14, 15, 21,
　　　　　25, 26, 27, 35, 37, 46, 48,
　　　　　54, 55, 81, 82, 83
ステークホルダー（利害関係者）………
　　　　14, 15, 16, 17, 21, 22, 24, 25,
　　　　34, 35, 38, 39, 41, 42, 46, 49,
　　　　50, 51, 52, 53, 58, 64, 89
ステークホルダーエンゲージメント ………
　　　　　　　　　　　　　25, 39
スチュワードシップ・コード …………… 29
生物多様性 …… 46, 49, 78, 79, 86, 87
世界人権宣言 ……………… 26, 54
ソーシャルメディア ………… 17, 88, 89

た行
ディーセントワーク …………………… 46
ダイバーシティ ………… 55, 68, 69

地球サミット（国連環境開発会議）…… 27
デューデリジェンス ……………… 55, 81
特定非営利活動促進法（NPO法）………
　　　　　　　　　　　　62, 63
トリプルボトムライン ………… 22, 46, 47

な行
日本経済団体連合会（経団連）…………
　　　　　　　　　　　13, 35, 39

は行
パリ協定 …………… 11, 48, 76, 77
バリューチェーン ………… 37, 49, 55, 78
フィランソロピー ……………… 10, 52, 53
フェアトレード ……………… 83, 84, 85
不買運動 ……………………… 15, 88
プロボノ ……………………… 17, 70, 71
法令順守 …… 17, 20, 35, 40, 50, 51
ボランティア ……… 10, 11, 17, 52, 53,
　　　　　　　　　　60, 65, 70

ま行
マイクロクレジット ……………… 90, 99

ら行
リスクマネジメント ……………………… 20
『論語と算盤』 …………………………… 97

わ行
ワーク・ライフ・バランス ………… 66, 67

試験概要

[検定告知ホームページ] www.csr-today.biz/exam

[受験の流れ]

① **試験内容の確認**：検定要項および検定告知ページから、試験実施日、受験都市をご確認ください。
また試験の形式、出題範囲、合格基準についてもご確認ください。

② **受験申し込み・受験料振り込み**：検定要項にのっとって受験の申し込みと、受験料の振り込みを行ってください。

③ **受験票受領**：受験料の振り込みを確認のうえ、受験票をお送りします。

④ **受験**：試験当日は時間厳守で会場までお越しください。

⑤ **受験結果受領**：試験後約1カ月半後をめどに受験者へ直接受験結果を送付します。

CSR検定3級・第9回／2級・第4回試験概要

◆日時：2019年4月21日（日）午前10時00分〜11時30分
　　　　（3級試験時間70分／2級試験時間90分）

※試験会場によっては、10時〜10時30分スタートとなります。試験会場の住所と詳細な受験時間は受験票に記載します。

◆試験会場：札幌、仙台、宇都宮、さいたま、所沢、千葉、東京、横浜、長野、静岡、富山、名古屋、刈谷、岐阜、三重、大阪、広島、山口、今治、福岡、大分、熊本

◆問題数：40問（選択式）合格ライン80％以上

◆受験料：3級・4,860／2級・8,100円
　　　　　※団体受験（同一団体・同一企業20人以上）は4,320円。
　　　　　生徒・学生は3,240円

◆お申し込み方法：検定告知ページ（**www.csr-today.biz/exam**）のCSR検定試験受験のお申し込みをご覧ください。

◆受験申し込み期間：2019年1月18日（金）〜3月22日（金）

（すべて税込）

CSR検定 今後の試験実施予定について

CSR検定3級試験は毎年4月と10月に約20都市で開催しています。詳しくはウェブサイト「CSRtoday」(**http://www.csr-today.biz/exam**)をご覧ください。なお、2級試験は毎年4月(年1回)に実施しています。1級試験は2019年10月に実施する予定です。

※公表している内容は本書発行時点の情報で、今後、変更する可能性があります。
　詳細は検定告知ページ(www.csr-today.biz/exam)でご確認ください

執筆陣プロフィール

CHAPTER 1

水尾 順一（みずお・じゅんいち）　1-2（P12）
駿河台大学名誉教授・博士（経営学）。MIZUO コンプライアンス＆ガバナンス研究所代表。神戸商科大学卒業、株式会社資生堂を経て1999年駿河台大学へ奉職、2018年に退官、現在に至る。株式会社ダイセル社外取締役。専門はCSR、経営倫理論など。日本経営倫理学会副会長、経営倫理実践研究センター首席研究員、2010年ロンドン大学客員研究員。著書に『サスティナブル・カンパニー：「ずーっと」栄える会社の事業構想』(宣伝会議)、『マーケティング倫理が企業を救う』(生産性出版)、『セルフ・ガバナンスの経営倫理』(千倉書房)ほか。

下田屋 毅（しもたや・たけし）　1-3（P14）
サステイナビジョン代表取締役。日本と欧州とのCSRの懸け橋となるべくサステイナビジョンを2010年英国に設立。ロンドンから日本企業に対してCSRに関する研修、関連リサーチを実施。2012年より「英国CMI認定サステナビリティ（CSR）プラクティショナー資格講習」を日本にて定期開催している。一般社団法人ザ・グローバル・アライアンス・フォー・サステイナブル・サプライチェーン（アスク）を日本にて設立（代表理事）。日本企業のサプライチェーン上の人権・労働・環境課題解決に向けた取り組みを海外との連携を行いながら進めている。英国イースト・アングリア大学環境科学修士、英国ランカスター大学MBA修了。ビジネス・ブレークスルー大学講師。

影山 摩子弥（かげやま・まこや）　1-4（P16）
横浜市立大学商学部教授を経て、現在、同国際総合科学学術院教授、横浜市立大学CSRセンター LLPセンター長。専門は経済原論、経済システム論、地域CSR論。国内外の行政機関、企業、NPOなど様々な組織からのCSRの相談にも対応。著書『なぜ障害者を雇う中小企業は業績を上げ続けるのか？』(中央法規出版)、『地域CSRが日本を救う』(敬文堂)、『世界経済と人間生活の経済学』(敬文堂)ほか。

平田 雅彦（ひらた・まさひこ）　コラム1（P18）
1931年生まれ。一橋大学を卒業後、松下電器産業に入社、同社代表取締役副社長などを歴任。現在ユニチャーム株式会社監査役、株式会社H.I.S取締役、株式会社インテグレックス取締役。著書に『企業倫理とは何か』『江戸商人の思想』等。

田中 宏司（たなか・ひろじ）　1-5（P20）
一般社団法人経営倫理実践研究センター特別首席研究員、東京交通短期大学名誉教授。1959年中央大学第2法学部、1968年同第2経済学部卒業。

PROFILE

日本銀行等を経て、立教大学大学院教授、東京交通短期大学学長等を歴任。ISO/SR国内委員会委員等歴任。著書は『コンプライアンス経営［新版］―倫理綱領の策定とCSRの実践―』『実践！コンプライアンス』『CSRの基礎知識』ほか。

安藤 正行（あんどう・まさゆき）　1-6(P22)
株式会社クレアン総合企画グループグループマネジャー。2003年、同社入社。CSRコンサルタントとして、長年、企業の情報開示、コミュニケーション戦略に関するコンサルティングに従事。NPO法人日本サステナブル投資フォーラム運営委員。慶應義塾大学経済学部卒業。多摩大学大学院経営情報学研究科博士前期課程修了。

大塚 祐一（おおつか・ゆういち）　1-7(P24)
麗澤大学大学院経済研究科（博士課程）在学中。同大学企業倫理研究センター研究協力者。専門は企業倫理、企業の社会的責任。

後藤 敏彦（ごとう・としひこ）　1-8(P26)
NPO法人サステナビリティ日本フォーラム代表理事。グローバル・コンパクト・ネットワーク・ジャパン理事、社会的責任投資フォーラム理事・最高顧問など複数の団体の理事を務める。認定NPO法人環境経営学会会長、地球システム・倫理学会（常任理事）、その他複数学会会員。環境管理規格（ISO）審議委員会EPE小委員会、環境コミュニケーション大賞審査委員・検討会座長等、複数委員会の委員を務める。著書・論文等、多数。東京大学法学部卒。

荒井 勝（あらい・まさる）　1-9(P28)
NPO法人日本サステナブル投資フォーラム（JSIF）会長。Hermes EOS上級顧問、早稲田大学大学院経営管理研究科非常勤講師。FTSE Russell ESG諮問委員会委員・基準ワーキンググループ委員、CDP Japanアドバイザリー・グループ委員。国連責任投資原則（PRI）持続可能な金融システム諮問グループ元委員、国連責任投資原則元理事。1972年慶應義塾大学卒業。同年大和証券入社。サウジアラビア駐在、ANZインターナショナル（オーストラリア）社長等を経て、1992年大和証券投資信託委託入社。取締役兼専務執行役員運用本部長を務め、2012年退任。2003年より責任投資にかかわる。

泉 貴嗣（いずみ・よしつぐ）　1-10(P30)
允治社CSRエバンジェリスト（兼第一カッター興業株式会社［東証一部］監査役）。大学のリカレント教育でCSR関連科目を担当後に独立。中小企業のCSR支援を行うほか、わが国で初めて自治体が直接企業のCSRを認証す

執筆陣プロフィール

る「さいたま市CSRチャレンジ企業認証制度」の設計に従事。著述に『CSRチェックリスト―中小企業のためのCSR読本―』（さいたま市）ほか。

CHAPTER 2

鈴木 均（すずき・ひとし）　　2-1（P34）
一般財団法人 日本民間公益活動連携機構事務局次長、立教大学21世紀社会デザイン大学院客員教授、元株式会社国際社会経済研究所 代表取締役社長、NECのCSR推進部長としてグローバルでのCSR経営を10年以上推進。一般社団法人ソーシャルビジネスネットワーク理事、特定非営利活動法人サステナビリティ日本フォーラム理事、元ISO26000国内対応委員等。著書『グローバルCSR調達』（共著、日科技連出版社）ほか。

冨田 秀実（とみた・ひでみ）　　2-2（P36）
東京大学工学部卒、プリンストン大学修士修了。ソニー株式会社入社後、中央研究所、欧州環境センターを経て、環境戦略担当。その後、CSR部の立ち上げから約10年にわたり統括部長を務めた。社外役職としてISO26000策定WGのサブグループ議長、GRIの国際サステナビリティ標準化ボードメンバー、ISO20400（持続可能な調達）日本代表エキスパートとして、CSRの国際的フレームワークの構築に参画。また、東京2020持続可能な調達WGメ

ンバー。現在、ロイドレジスタージャパン株式会社の取締役。著書に『ESG投資時代の持続可能な調達』（日経BP）。

関 正雄（せき・まさお）　　2-3（P38）
明治大学経営学部特任教授、損保ジャパン日本興亜CSR室シニアアドバイザー。東京大学法学部卒業後、安田火災海上保険（現・損保ジャパン日本興亜）入社。2001年以来同社のCSR推進に関わり、理事CSR統括部長を経て現職。ISO26000（社会的責任）規格策定のエキスパート、サステナビリティに関する各省庁委員等を務める。著書に『ISO26000を読む』（日科連）、『SDGs経営の時代に求められるCSRとは何か』（第一法規）、編著に『社会貢献によるビジネスイノベーション』（丸善出版）等。

大久保 和孝（おおくぼ・かずたか）2-4（P40）
新日本有限責任監査法人経営専務理事ERM本部長。公認会計士。慶應義塾大学法学部卒。ECS2000（コンプライアンス）策定。長野県、浜松市、鎌倉市コンプライアンス担当参与、横浜市コンプライアンス顧問、年金特別会計公共調達委員会委員長（厚生労働省）、公的研究費に関する有識者会議委員（文部科学省）、不二家信頼回復会議対策委員等、CSR・コンプライアンス関係の委員を歴任。慶應大学福澤記念文明塾アドバイザー、一般社団法人交渉学

PROFILE

協会理事等。

日和佐 信子（ひわさ・のぶこ） 2-5(P42)
早稲田大学卒業。専業主婦の後、生活協同組合活動に消費者問題を専門に係る。都民生協（現・コープ未来）理事、東京都生活協同組合連合会理事、日本生活協同組合連合会理事、全国消費者団体連絡会事務局長を経て、雪印メグミルク株式会社 前・社外取締役に就任。

坂本 光司（さかもと・こうじ） コラム2(P44)
経営学者。人を大切にする経営学会会長。主要著書『日本で一番大切にしたい会社・2・3・4・5・6』（あさ出版）、『人を大切にする経営学講義』（PHP研究所）。

本木 啓生（もとき・ひろお） 2-6(P46)
株式会社イースクエア 代表取締役社長。1992年よりデロイト トーマツグループにて情報システム構築、戦略立案、環境マネジメントに関する業務に従事。2001年4月からイースクエアのコンサルティング事業の責任者として、多岐の業種にわたる大手企業を中心に、CSR、環境及びCSVに関する戦略、コミュニケーション、社内浸透などの分野における支援を行う。2011年10月代表取締役社長に就任。2005年より10年間、東北大学大学院環境科学研究科非常勤講師を務めたほか、CSR・環境関連の講演活動も多数行っている。

黒田 かをり（くろだ・かをり） 2-7(P48)
一般財団法人CSOネットワーク事務局長・理事。ISO26000策定時に、日本のNGO代表として参画。社会的責任・サステナビリティ事業のほかに、「持続可能な開発目標（SDGs）」や持続可能な公共調達の推進にも取り組む。現在、2020年東京オリンピック・パラリンピック組織委員会「持続可能に配慮した調達コード」WG委員、SDGs推進円卓会議構成員、SDGs市民社会ネットワーク代表理事等を務める。

松本 恒雄（まつもと・つねお） コラム3(P50)
独立行政法人国民生活センター理事長。一橋大学大学院法学研究科教授、同法科大学院長、国民生活審議会消費者政策部会長、内閣府消費者委員会初代委員長、東京都消費生活対策審議会会長、東京都消費者被害救済委員会会長等を経て、2013年8月から現職。現在、一橋大学名誉教授、日本学術会議会員・法学委員会委員長。元ISO/SR国内委員会委員長、ISO/TMB/WG/SRエキスパート。専門は、民法、消費者法、IT法、企業の社会的責任等。

髙橋 陽子（たかはし・ようこ） 2-8(P52)
公益社団法人日本フィランソロピー協会理事長。大学卒業後、高校英語科非常勤講師を経て、上智大学カウンセリング研究所にて専門カウンセラーの認

執筆陣プロフィール

定を受ける。1991年まで関東学院中学・高等学校心理カウンセラーとして従事した後、社団法人日本フィランソロピー協会に入職。2001年より理事長。主に、企業の社会貢献を中心としたCSRの推進に従事。

菱山 隆二（ひしやま・たかじ）　**2-9(P54)**
三菱石油（現・JXTGエネルギー）に勤務。国内・海外の実務で多様な人権問題を体験。同社顧問退任後、ボストンのCenter for Business EthicsでVisiting Executive Scholar。2000年に経営倫理、CSR、SRIが3本柱の「企業行動研究センター」を設立。企業に対するコンサルティング活動、大学での授業、NPO活動、著作等に従事。『倫理・コンプライアンスとCSR 第3版』ほか著書多数。

CHAPTER 3

町井 則雄（まちい・のりお）　**3-1(P58)**
株式会社sinKA代表取締役社長。前職は日本財団にてCSRのデータベース構築などに関わる。現在は、企業との連携による社会課的題解決に向けた事業づくりを中心に、企画展の企画・運営、CSRと社会貢献などに関する講演・研修などを行っている。経済産業省地域新成長産業創出促進事業審査委員などを歴任。著書（共著）に『ISO26000実践ガイド 社会的責任に関する手引き』（中央経済社）、『企業

と震災』（木楽舎）等。

鷹野 秀征（たかの・ひでゆき）　**コラム4(P60)**
ソーシャルウインドウ株式会社代表取締役。アクセンチュア勤務後、2001年よりNPO支援・CSR支援・社会起業家支援を本業とし、「会社人を社会人に」をキーワードに企業発のソーシャルビジネスを仕掛けている。震災後、企業CSR、NPO団体とネットワークを構築し一般社団法人新興事業創出機構（JEBDA）を設立。東北から民間主導による社会的事業を促進している。財団法人パブリックリソース財団理事、SVP東京パートナー。

田尻 佳史（たじり・よしふみ）　**3-2(P62)**
認定特定非営利活動法人日本NPOセンター常務理事。大学卒業後、4年間の海外でのボランティア活動を経て、大阪ボランティア協会の職員として主に企業の社会貢献活動推進を担当。阪神・淡路大震災では「阪神・淡路大震災 被災地の人々を応援する市民の会」の現地責任者として従事。1996年日本NPOセンターに出向（2003年転籍）。市民活動の基盤整備を推進すべく、NPOと他セクターとの連携のためのコーディネーションを行い、各種プログラムの企画立案を手掛ける。

岸田 眞代（きしだ・まさよ）　**3-3(P64)**
NPO法人パートナーシップ・サポー

PROFILE

トセンター（PSC）事務局長、代表理事を歴任。2018年解散。現在は岸田パートナーシップ研究所代表。フリーの新聞・雑誌記者などを経た後、企業・自治体研修講師。1996年「企業とNPOのパートナーシップ・スタディツアー」の企画実施を契機に、1998年パートナーシップ・サポートセンター（PSC）を設立。「日本パートナーシップ大賞」「協働アイデアコンテスト」事業等を中心に、異なるセクターの協働を推進。『「協働」は対等で』（風媒社）他著書多数。

大西 祥世（おおにし・さちよ）　**3-4(P66)**
博士（法学）。グローバル・コンパクト研究センター研究員。立命館大学法学部教授。専門は憲法学。主著に『女性と憲法の構造』（信山社）、「女性活躍およびジェンダー平等を推進する法実践──日欧の比較」（立命館法学377号）等。

木全 ミツ（きまた・みつ）　**3-5(P68)**
1960年東京大学医学部を卒業した後、労働省大臣官房国際労働課国際渉外官、職業能力開発局海外協力課長、労働大臣官房審議官等を歴任、1986年国連日本政府代表部公使（ニューヨーク）。1990年THE BODY SHOP（ザ・ボディショップ／株式会社イオンフォレスト）代表取締役創業社長に就任。2001年より認定NPO法人JKSK（女性の活力を社会の活力に）理事長。日本音楽財団評議員、CSRフォーラム

理事、日本フィランソロピー協会理事、警察協会理事、日本エースリーダー協会評議員等も務める。

嵯峨 生馬（さが・いくま）　**コラム5（P70）**
認定NPO法人サービスグラント代表理事。1998年、日本総合研究所に入社。2001年、東京・渋谷を拠点とする地域通貨「アースデイマネー」を共同で設立。2005年「サービスグラント」の活動を開始。2009年にNPO法人化し、代表理事に就任。現在、東京および関西を拠点に4500人を超える社会人プロボノワーカーを集め、730件以上のプロボノプロジェクトを通じて、NPOの基盤強化のための成果物提供をコーディネート。著書に『プロボノ〜新しい社会貢献 新しい働き方』（勁草書房）等。専修大学大学院経済学研究科客員教授。

葭内 ありさ（よしうち・ありさ）　**3-6(P72)**
お茶の水女子大学附属高等学校教諭、同大学非常勤講師。お茶の水女子大学卒業、同大学院人間文化研究科修了。慶應義塾大学法学部卒業。児童労働やフェアトレード、環境問題等を家庭科の授業で取り上げてきた。現在はエシカル・ファッションを糸口に若者の消費の背景へのまなざしを育て、国内外の研究調査を行う。消費者庁「倫理的消費調査研究会」委員等歴任。文部科学省検定高校家庭科教科書編集委員。

執筆陣プロフィール

CHAPTER 4

足立 治郎（あだち・じろう）　　4-1(P76)
特定非営利活動法人「環境・持続社会」
研究センター（JACSES）事務局長、
CSRレビューフォーラムレビュアー。
島根県立大学非常勤講師等。東京大学
教養学部卒。著書に『環境税―税財政
改革と持続可能な福祉社会』（築地書館、
単著）、『カーボン・レジーム』（オルタ
ナ、共著）、『ギガトン・ギャップ―気
候変動と国際交渉』（オルタナ、共著）等。

遠藤 理紗（えんどう・りさ）　　4-1(P76)
「環境・持続社会」研究センター
（JACSES）プロジェクトリーダー／
事務局次長。マンチェスター大学修士
課程（英国）を修了。保険・エネルギー
関連の民間企業での職務勤務を経て、
2014年JACSESスタッフ。JACSES
NGO強化プロジェクト／気候変動プ
ログラムを担当し、環境NGO／NPO
向けの研修事業を運営。専門は、国際
開発論・開発経済学・持続可能な発展
論・CSR政策等。

足立 直樹（あだち・なおき）　　4-2(P78)
株式会社レスポンスアビリティ代表取
締役。一般社団法人企業と生物多様性
イニシアティブ理事・事務局長。東京
大学・同大学院で生態学を学び、博士
（理学）。国立環境研究所とマレーシア
森林研究所（FRIM）で熱帯林の研究に

従事した後、独立。2006年にレスポ
ンスアビリティを設立し、持続可能な
原材料調達やCSR調達を指導。自然資
本会計の普及や、自然資本を生かした
地域ビジネス育成の支援にも力を入れ
る。著書に『生物多様性経営 持続可能
な資源戦略』など。

岩附 由香（いわつき・ゆか）　　4-3(P80)
認定NPO法人ACE代表。上智大学在
籍中に、物乞いをする子どもに出会い、
児童労働問題の研究のため大阪大学大
学院国際公共政策研究科に進学、在籍
中にACEを設立。2006年国際交流基
金日米フェローシップを通じWinrock
Internationalに勤務。人権・労働面の
国際規格SA8000の監査研修修了。

細田 琢（ほそだ・たく）　　4-4(P82)
トヨタ自動車系列の広告会社、株式会
社デルフィスのエシカルプロジェク
トメンバー。「他者のしあわせに貢献
する、自発的消費行動」の潮流に着目。
「エシカル」に関する調査研究や情報
発信、企業へのコンサルや講演を実施。
著書に『エシカルを知らないあなたへ』、
『ソーシャル・プロダクト・マーケティ
ング』（産業能率大学出版部）ほか。

中島 佳織（なかじま・かおり）　　4-5(P84)
認定NPO法人フェアトレード・ラ
ベル・ジャパン事務局長。大学卒業
後、化学原料メーカー勤務、国際協力

PROFILE

NGOでアフリカ難民支援やフェアトレード事業への従事、日系自動車メーカーのケニア法人勤務を経て、2007年より現職。著書に『ソーシャル・プロダクト・マーケティング』（産業能率大学出版部）ほか。

徳江 倫明（とくえ・みちあき）　4-6（P86）
一般社団法人フードトラストプロジェクト代表理事。一般社団法人オーガニックフォーラムジャパン会長。一般社団法人CSR経営者フォーラム会長。株式会社オーガニックパートナーズ代表取締役。

市川 裕康（いちかわ・ひろやす）　4-7（P88）
株式会社ソーシャルカンパニー代表取締役／ソーシャルメディア・コンサルタント。NGO団体、出版社、人材関連企業等を経て2010年3月に独立。国内外のソーシャルメディア活用事例の調査・研究・コンサルティングサービスを通じ、国内行政機関、非営利団体、企業等の社会貢献・CSR活動の推進・支援に従事。著書に『Social Good小辞典』（講談社）等がある。

小林 秀司（こばやし・ひでし）　4-9（P92）
株式会社シェアードバリュー・コーポレーション代表取締役。法政大学大学院中小企業研究所特任研究員を歴任。内閣府「地域活性化伝道師」。人を大切にする会社づくりのトータルプロフェッショナルとして「人本経営」「企業における障がい者雇用」の普及を全国で活動中。各自治体や経営者団体での講演・セミナー実績多数。著書に『元気な社員がいる会社のつくり方』（アチーブメント出版）等がある。

野村 尚克（のむら・なおかつ）　4-10（P94）
Causebrand Lab.代表。専門はソーシャルプロデュース、コーズ・リレイテッド・マーケティング。「コーズブランド／寄付つき商品」という概念を日本で初めて提唱し、企業・NPO・行政・市民・教育機関等、分野の異なる組織の協働を多数プロデュース。著書に『世界を救うショッピングガイド』（タイトル）、共著に『ソーシャル・プロダクト・マーケティング』（産業能率大学出版部）。

田中 勇一（たなか・ゆういち）　4-11（P96）
京都大学理学部卒業後、住友銀行（現・三井住友銀行）入行。米国カーネギーメロン大学にてMBA取得後、銀行でのALM業務に従事。その後、起業支援等を経て、新銀行東京設立プロジェクトに草創期より参画し、人事部門責任者として同銀行立ち上げに大きく貢献。現在は、リソウル株式会社を設立し、経営支援、転職支援等に取り組む。2010年、「社会起業大学」設立。2013年、多摩大学大学院客員教授に就任。

森 摂(もり・せつ)
　　1-1(P10)、4-8(P90)、4-12(P98)

東京外国語大学スペイン語学科を卒業後、日本経済新聞社入社。1998〜2001年ロサンゼルス支局長。2006年9月、株式会社オルタナを設立、編集長に就任。主な著書に『ブランドのDNA』(日経ビジネス、共著)、『未来に選ばれる会社』(学芸出版社)。訳書に『社員をサーフィンに行かせよう』(東洋経済新報社)がある。

CSR検定 3級　公式テキスト 2019年版

編著：CSR検定委員会

平成30年12月25日　　初版第1刷発行

編　　集	森 摂／吉田 広子／堀 理雄
	（株式会社オルタナ）
本文組み	安保 瑞枝
発　　行	株式会社オルタナ
発　　売	ウィズワークス株式会社
印刷・製本	六三印刷株式会社

ISBN978-4-904899-54-0　　　　　　　　　　Printed in Japan

落丁・乱丁本は購入店を明記の上、弊社宛にお送りください。送料弊社負担にてお取り替えいたします。
本書の無断複製（コピー）は、著作権法上での例外を除き、禁じられています。定価は、カバー裏に記載してあります。